国家骨干高等职业院校建设成果教材

施工临时结构检算

李连生　主编

祝西文　主审

中国铁道出版社

2 0 1 7 年·北 京

内 容 简 介

　　本书是国家骨干高等职业院校建设成果教材。主要内容包括：工程模板检算、支架常备式构件检算、预应力混凝土构件预制台座检算、悬浇挂篮墩梁临时固结检算等4个项目，同时还附有 Ansys 和 Midas Civil 计算软件的操作。

　　本书为高等职业院校铁道工程技术专业、高速铁道技术专业、道桥工程技术专业、建筑工程技术专业及其他土建类相关专业的课程教材，也可用于在职培训或供现场工程技术人员参考。

图书在版编目（CIP）数据

施工临时结构检算/李连生主编 . —北京：中国
铁道出版社，2013.9（2017.8 重印）
国家骨干高等职业院校建设成果教材
ISBN 978-7-113-17274-9

Ⅰ. ①施⋯　Ⅱ. ①李⋯　Ⅲ. ①建筑结构—结构计算—
高等职业教育—教材　Ⅳ. ①TU31

中国版本图书馆 CIP 数据核字（2013）第 205110 号

书　　名：施工临时结构检算	
作　　者：李连生　主编	

责任编辑：李丽娟	编辑部电话：010-51873135	邮箱：992462528@qq.com
封面设计：崔　欣		
责任校对：马　丽		
责任印制：李　佳		

出版发行：中国铁道出版社（100054，北京市西城区右安门西街 8 号）
网　　址：http://www.tdpress.com
印　　刷：航远印刷有限公司
版　　次：2013 年 9 月第 1 版　2017 年 8 月第 2 次印刷
开　　本：787 mm×1092 mm　1/16　印张：12　字数：290 千
书　　号：ISBN 978-7-113-17274-9
定　　价：29.00 元

QIAN YAN 前言

本教材是国家骨干高等职业院校建设成果教材,是根据高等职业教育铁道工程技术专业、高速铁道技术专业教学的基本要求并结合目前教学改革发展的需要编写而成。

本教材是基于铁路施工临时结构检算工作过程的课程开发思路编写的,编写中引入了相关行业规范与技术指南,将教学内容构建为工程模板检算、支架常备式构件检算、预应力混凝土构件预制台座检算、悬浇挂篮墩梁临时固结检算4个项目,紧紧围绕典型工作任务选择教学内容。通过该系列项目的学习,让学生掌握工作岗位临时结构检算所需要的专业知识与专业技能。

本教材结合高等职业技术教育的特点,力求体现高职铁路院校的教学培养特色,并邀请铁路企业单位技术人员参与编写。教材编写坚持必需够用的原则,注重实用性和针对性,努力做到理论联系实际。注重铁路工程施工临时结构专业知识的学习,注重计算软件的使用技能。

本教材编写中采用的主要规范有:《铁路混凝土工程施工技术指南》(铁建设〔2010〕241号)、《高速铁路桥涵工程施工技术指南》(铁建设〔2010〕241号)、《铁路预应力混凝土连续梁(刚构)悬臂浇筑施工技术指南》(TZ 324—2010)、《建筑施工模板安全技术规范》(JGJ 162—2008)、《建筑施工碗扣式脚手架安全技术规范》(JGJ 166—2008)和《混凝土结构设计规范》(GB 50010—2010)。

本教材由陕西铁路工程职业技术学院李连生主编,中铁航空港建设集团有限公司教授级高级工程师祝西文主审。编写分工如下:项目1、2、3由李连生执笔,项目4由陕西铁路工程职业技术学院袁光英、祝西文、杨宏刚执笔,计算软件的操作由李连生执笔,附录由陕西铁路工程职业技术学院王龙、金花执笔。全书由李连生统稿。感谢中铁一局第三工程公司总工程师杨宏刚和中铁九局高级工程师刘东跃对编写工作的大力支持。

限于编者的理论水平和实践经验,书中疏漏及不足之处在所难免,恳请读者批评指正。

编者

2013 年 7 月

目录

项目 1　工程模板检算

项目描述

本项目介绍了模板体系的定义、基本要求及类型,组合钢模板(55 型组合钢模板)的结构组成。

在工程检算案例中,对模板面板、纵肋与横肋进行了强度、刚度检算;对角钢支架进行了强度、刚度与稳定性的检算。

学习目标

1. 能力目标

(1)能够检算模板面板、横肋与纵肋强度与刚度;

(2)能够检算模板支架的强度、刚度与稳定性;

(3)能够初步使用计算软件;

(4)能够编制检算书。

2. 知识目标

(1)掌握模板的一般技术要求;

(2)掌握模板的种类、一般构造要求;

(3)掌握模板的构造及其检算项目。

任务 1　模板面板检算

1.1　工作任务

学生通过本任务的学习,能够进行以下内容的检算:

(1)支架现浇面板的强度与刚度检算;

(2)支架现浇纵肋、横肋的强度与刚度检算。

1.2　相关配套知识

模板体系的定义

《建筑施工模板安全技术规范》(JGJ 162—2008)指出:模板体系,简称模板,是指由面板、支架和连接件三部分系统组成的体系。

(1)面板:直接接触新浇混凝土的承力板,包括拼装的板和加肋楞带板。面板的种类有钢、木、胶合板、塑料板等。

(2)支架:支撑面板用的楞梁、立柱、连接件、斜撑、剪刀撑和水平拉条等构件的总称。

（3）连接件：面板与楞梁的连接、面板自身的拼接、支架结构自身的连接和其中二者相互间连接所用的零配件。包括卡销、螺栓、扣件、卡具、拉杆等。

直接支承面板的小型楞梁称为次楞、次梁或小梁。直接支承小楞的结构构件称主楞或主梁，一般采用钢、木梁或钢桁架。直接支承主楞的受压结构构件称为支架立柱，又叫支撑柱、立柱。

建筑模板是一种临时结构，是混凝土结构工程施工的重要工具。在现浇混凝土结构工程中，模板工程一般占混凝土结构工程造价的 20%～30%，占工程用工量的 30%～40%，占工期的 50% 左右。模板技术直接影响着工程建设的质量、造价和效益，因此它是推动我国建筑技术进步的一个重要内容。

模板体系的基本要求

《铁路混凝土工程施工技术指南》（铁建设〔2010〕241 号）指出：模板及支（拱）架应根据设计文件、施工技术方案和施工工艺等要求进行施工设计。模板及支（拱）架应优先采用钢材制作，也可因地制宜，选用其他材料制作。模板及支（拱）架应符合下列规定：

（1）应保证混凝土结构和构件各部分设计形状、尺寸和相互间位置正确。

（2）应具有足够的强度、刚度和稳定性，连接牢固，能承受新浇筑混凝土的重力、侧压力及施工中可能产生的各项荷载。

（3）接缝不漏浆，制作简单，安装方便，便于拆卸和多次使用。

（4）能与混凝土结构和构件的特征、施工条件和浇筑方法相适应。

模板及支（拱）架的钢材应按国家现行标准《钢结构设计规范》（GB50017）的规定选用，宜优先采用 Q235 钢。

模板体系的类型

1. 按制作材料分

有木模板、钢模板、竹（木）胶合板模板、钢框竹（木）胶板模板、铝合金模板、塑料模壳、玻璃钢模板、土模、砖模、充气囊内胎模等。

2. 按模板的用途分

按用途分有制梁模板、塔柱爬升模板、墩台模板、承台模板、柱桩离心转动模板等。

3. 按模板施工方法分

（1）拆移式模板

在施工前将预制模板按要求的形状组拼成模型，施工后分块进行拆卸，稍加清理和整修之后，即可周转使用。

拆移式模板又有以下形式：

①拼装式模板：在施工现场根据混凝土结构的特点制作的木模或钢模，使用时拼接成为整体。一般为某种结构专用模板，拆除后可周转使用，也可改制成其他模板。

②整体吊装模板：将面板、肋在制模车间内制成，并拼成面积或重量较大的模板，工地拼装工作量小，模板质量高。采用吊机吊装就位，机械化程度高。现场应根据起吊能力来选定模块的大小及重量。

③组合式模板：是工具式模板的一种，由专门厂家生产，通常为一定规格的散件。它由面板、连接件、固定件及支承件组成，可根据需要组拼成大小不同的模板。其特点是通用性强，周转使用次数多，既适用于大型混凝土工程，也适用于小型零散工程的施工。

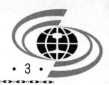

（2）活动式模板

它由模板、支架和提升机械组成。活动式模板施工连续、快捷、质量可靠，可节省劳力，大大减少支架工程量。主要有滑升式模板、爬升式模板和移动式模板。

竹胶合板模板

竹胶合板模板是指由竹席、竹帘、竹片等多种组坯结构，及与木单板等其他材料复合，专用于混凝土施工的竹胶合板。它是利用竹材加工余料——竹黄篾，经过中黄起篾、内黄帘吊、经纬纺织、席穴交错、高温高压（130℃，3～4 MPa）、热固胶合等工艺层压而成。

我国竹材资源丰富，且竹材具有生长快、生产周期短（一般2～3年成材）的特点。另外，一般竹材顺纹抗拉强度为18 N/mm²，为松木的2.5倍，红松的1.5倍；横纹抗压强度为6～8 N/mm²，是杉木的1.5倍，红松的2.5倍；静弯曲强度为15～16 N/mm²。因此，在我国木材资源短缺的情况下，以竹材为原料，制作混凝土模板用竹胶合板，具有收缩率小、膨胀率和吸水率低，以及承载能力大的特点，是一种具有发展前途的新型建筑模板。

1. 组成和构造

混凝土模板所用竹胶合板，其面板可采用薄木胶合板，也可采用竹编席作面板。薄木胶合板作面板时，其表面平整度好，竹编席作面板时，其表面平整度较差，且胶黏剂用量较多。竹胶合板断面构造，见图1.1。

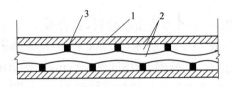

图 1.1　竹胶合板断面示意
1—竹席或薄木片面板；2—竹帘芯板；3—胶黏剂

为了提高竹胶合板的耐水性、耐磨性和耐碱性，经试验证明，竹胶合板表面用环氧树脂涂面的耐碱性较好，采用瓷釉涂料涂面的综合效果最佳。

2. 规格和性能

（1）规格

我国行业标准《竹胶合板模板》（JGT 156—2004）中竹胶合板的幅面尺寸见表1.1。混凝土模板用竹胶合板的厚度常为9 mm、12 mm、15 mm、18 mm。

表 1.1　竹胶合板长、宽规格

长度（mm）	宽度（mm）	两对角线长度之差（mm）
1 830	915	≤2
1 830	1 220	≤3
2 000	1 000	
2 135	915	
2 440	1 220	≤4
3 000	1 500	

(2)性能

由于各地所产竹材不同,同时又与胶粘剂的胶种、胶层厚度、涂胶均匀程度以及热固化压力等生产工艺有关,因此,竹胶合板的物理力学性能差异较大,其弹性模量变化范围为 $2\sim10\times10^3$ N/mm²。一般认为,密度大的竹胶合板,其相应的静弯曲强度和弹性模量值也高。

1.3　工程检算案例

工程概况

某特大桥 16 号连续梁(60+100+60)m 采用支架现浇施工。梁体为单箱单室、变高度、变截面结构,箱梁顶宽 12 m,底宽 6.7 m,顶板厚度除梁端为 65 cm 以外,其余均为 40 cm,底板厚度 40~120 cm,腹板厚度 60~100 cm,中心梁高由 4.85 m 渐变到 7.85 m。

0 号段现浇段节段长 14 m,中心梁高 7.85 m,梁底板宽为 7.9 m,梁顶板宽 12 m,顶板厚 40 cm,腹板厚 100 cm,底板厚 120 cm。

支架方案

16 号连续梁 315 号、316 号、317 号、318 号墩身在 8~10 m 之间,小于 20 m,采用满堂碗扣支架现浇方案。碗扣式支架采用 $\phi48$ mm×3.5 mm 钢管,纵向立杆间距 60 cm;横向立杆间距在腹板下为 30 cm,在底板下为 90 cm,在翼缘板下为 120 cm;钢管顶托上纵桥向设 20 cm×14 cm 方木。

底模、外模及内模均采用 18 mm 厚优质胶合板,胶合板下为 10 cm×10 cm 加劲肋木,间距 20 cm;底板肋木下为 20 cm×14 cm 方木,跨距 60 cm;侧模加劲肋木为 10 cm×10 cm 方木,肋木间距 30 cm,背楞采用 2[10 槽钢,背楞间距 90 cm,拉杆采用 $\phi20$ 圆钢,间距 90 cm。

碗扣 $\phi48$ mm×3.5 mm 钢管立柱通过地托支承在 14 cm×20 cm 方木上,地托尺寸 10 cm×10 cm,地基采用 C20 混凝土硬化处理,厚 20 cm。施工基础前先对原地面进行整平、夯实。夯实后,碗扣支架下地基承载力为 200 kPa 以上。

支架具体形式见图 1.2。

材料参数

(1)竹胶合板:$[\sigma]=18$ MPa,$E=9\,000$ MPa;

(2)油松、新疆落叶松、云南松、马尾松:$[\sigma]=12$ MPa(顺纹抗压、抗弯),$[\tau]=2.4$ MPa(横纹抗剪),$E=9\,000$ MPa;

(3)$\phi48$ mm×3.5 mm 钢管:面积 489 mm²;

(4)[10 槽钢:$W=3.97\times10^{-5}$ m³,$I=1.98\times10^{-6}$ m⁴,$d=5.3$ mm,$E=2\times10^5$ MPa;

(5)C20 混凝土:$[\sigma_c]=6.1$ MPa。

(6)钢筋混凝土容重 26 kN/m³。

面板与纵横肋检算

1. 荷载计算

箱梁混凝土一次浇筑成型,荷载计算梁高取 7.85 m(支点处),顶板厚度 0.40 m,底板厚度 1.2 m,腹板宽 1.0 m,翼缘板厚 0.65 m(取根部)。

(1)永久荷载

腹板处钢筋混凝土荷载:　　　$p_1=26\times7.85=204.1$(kPa)

底板处钢筋混凝土荷载:　　　$p_2=26\times(0.4+1.2)=41.6$(kPa)

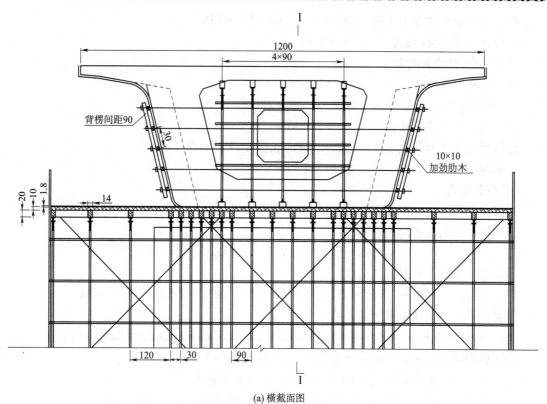

(a) 横截面图

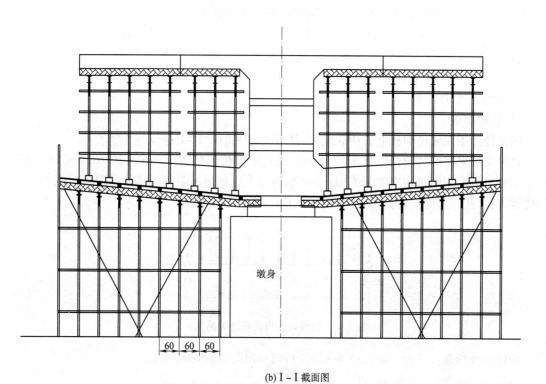

(b) I－I 截面图

图 1.2　支架示意图(单位:cm)

翼缘板处钢筋混凝土荷载：　　$p_3 = 26 \times 0.65 = 16.9 (\text{kPa})$

腹板处内、外模板荷载：　　　$p_4 = 5 \text{ kPa}$

底板处内、外模板荷载：　　　$p_5 = 5 \text{ kPa}$

翼缘板处模板荷载：　　　　　$p_6 = 1 \text{ kPa}$

（2）可变荷载

施工人员及设备荷载：　　　　$p_7 = 2.5 \text{ kPa}$

振捣混凝土产生荷载：　　　　$p_8 = 2 \text{ kPa}$（底板 2 kPa，侧模 4 kPa）

泵送混凝土冲击荷载：　　　　$p_9 = 3.5 \text{ kPa}$

（3）荷载组合

采用容许应力法时不需要分项系数，各处荷载如下：

①腹板处作用在底模上的荷载

$$p = (p_1 + p_4) + (p_7 + p_8 + p_9) = (204.1 + 5) + (2.5 + 2 + 3.5) = 217.1 (\text{kPa})$$

②底板处作用在底模上的荷载

$$p = (p_2 + p_5) + (p_7 + p_8 + p_9) = (41.6 + 5) + (2.5 + 2 + 3.5) = 54.6 (\text{kPa})$$

③翼缘板处作用在底模上的荷载

$$p = (p_3 + p_6) + (p_7 + p_8 + p_9) = (16.9 + 1) + (2.5 + 2 + 3.5) = 25.9 (\text{kPa})$$

采用极限状态法时需考虑分项系数，各处荷载相应如下：

$$p = 1.2 \times (p_1 + p_4) + 1.4 \times (p_7 + p_8 + p_9)$$
$$= 1.2 \times (204.1 + 5) + 1.4 \times (2.5 + 2 + 3.5) = 262.12 (\text{kPa})$$
$$p = 1.2 \times (p_2 + p_5) + 1.4 \times (p_7 + p_8 + p_9)$$
$$= 1.2 \times (41.6 + 5) + 1.4 \times (2.5 + 2 + 3.5) = 67.12 (\text{kPa})$$
$$p = 1.2 \times (p_3 + p_6) + 1.4 \times (p_7 + p_8 + p_9)$$
$$= 1.2 \times (16.9 + 1) + 1.4 \times (2.5 + 2 + 3.5) = 32.68 (\text{kPa})$$

2. 腹板处受力检算

（1）底模面板

腹板处作用在底模面板上的荷载最大，其值为：$p = 217.1 \text{ kPa}$。

底模面板采用的竹胶合板厚 $h = 1.8 \text{ cm}$，在其下横桥向垫置 10 cm×10 cm 的肋木，间距 20 cm，则竹胶合板顺桥向净跨距 $l = 10 \text{ cm}$（取两肋木边到边的距离），横桥向取单位宽 $b = 1 \text{ m}$ 的竹胶合板，按一跨简支梁检算，底模面板计算简图见图 1.3。

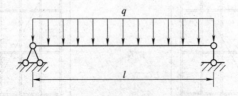

图 1.3　腹板处底模面板计算简图

顺桥向线荷载：　　　　$q = p \cdot b = 217.1 \times 1 = 217.1 (\text{kN/m})$

截面抵抗矩：　　　　　$W = \dfrac{bh^2}{6} = \dfrac{1 \times 0.018^2}{6} = 5.4 \times 10^{-5} (\text{m}^3)$

截面惯性矩：
$$I=\frac{bh^3}{12}=\frac{1\times 0.018^3}{12}=4.86\times 10^{-7}(\mathrm{m}^4)$$

跨中弯矩：
$$M=\frac{ql^2}{8}=\frac{217.1\times 0.1^2}{8}=0.271(\mathrm{kN\cdot m})$$

故跨中最大弯曲应力：
$$\sigma=\frac{M}{W}=\frac{0.271\times 10^6}{5.4\times 10^{-5}\times 10^9}=5.02(\mathrm{MPa})<[\sigma]=18\ \mathrm{MPa}$$

跨中最大挠度：
$$f=\frac{5ql^4}{384EI}=\frac{5\times 217.1\times 100^4}{384\times 9\ 000\times 4.86\times 10^{-7}\times 10^{12}}=0.064\ 6(\mathrm{mm})<\frac{l}{400}=0.25\ \mathrm{mm}$$

可见强度、刚度均满足要求。

（2）底模肋木

腹板处底模下采用 10 cm×10 cm 的横桥向肋木，间距 20 cm，其下为 20 cm×14 cm 的顺桥向承重方木，间距 30 cm，故 10 cm×10 cm 肋木横桥向跨距 $l=30$ cm，对其按两跨连续梁检算，底模横桥向肋木计算简图见图 1.4。

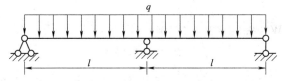

图 1.4　底模肋木计算简图

作用在横桥向肋木上的线荷载：
$$q=p\cdot b=217.1\times 0.2=43.42(\mathrm{kN/m})$$

截面抵抗矩：
$$W=\frac{bh^2}{6}=\frac{0.1\times 0.1^2}{6}=1.67\times 10^{-4}(\mathrm{m}^3)$$

截面惯性矩：
$$I=\frac{bh^3}{12}=\frac{0.1\times 0.1^3}{12}=8.33\times 10^{-6}(\mathrm{m}^4)$$

查取本书附录表 7.a 可知：

中间支座最大负弯矩：
$$M=0.125ql^2=0.125\times 43.42\times 0.3^2=0.488(\mathrm{kN\cdot m})$$

故最大弯曲应力：
$$\sigma=\frac{M}{W}=\frac{0.488\times 10^6}{1.67\times 10^{-4}\times 10^9}=2.92(\mathrm{MPa})<[\sigma]=12\ \mathrm{MPa}$$

最大剪力：
$$V=0.625ql=0.625\times 43.42\times 0.3=8.14(\mathrm{kN})$$

最大剪应力：
$$\tau=\frac{3V}{2A}=\frac{3\times 8.14\times 10^3}{2\times 100\times 100}=1.22(\mathrm{MPa})<[\tau]=2.4\ \mathrm{MPa}$$

最大挠度：
$$f=\frac{0.521ql^4}{100EI}=\frac{0.521\times 43.42\times 300^4}{100\times 9\ 000\times 8.33\times 10^{-6}\times 10^{12}}=0.024\ 4(\mathrm{mm})<\frac{l}{400}=0.75\ \mathrm{mm}$$

可见强度、刚度均满足要求。

（3）底模肋木下承重方木

20 cm×14 cm 承重方木承受来自 10 cm×10 cm 横桥向肋木传来的集中力 F 的作用，其间距为横桥向肋木的间距，即 $l=20$ cm。集中力 F 的大小取 10 cm×10 cm 方木检算中的最大支反力 $R=2V=16.28$ kN。20 cm×14 cm 承重方木支点距取 $3l=60$ cm。按简支梁对 20 cm×14 cm 方木进行检算，计算简图见图 1.5。

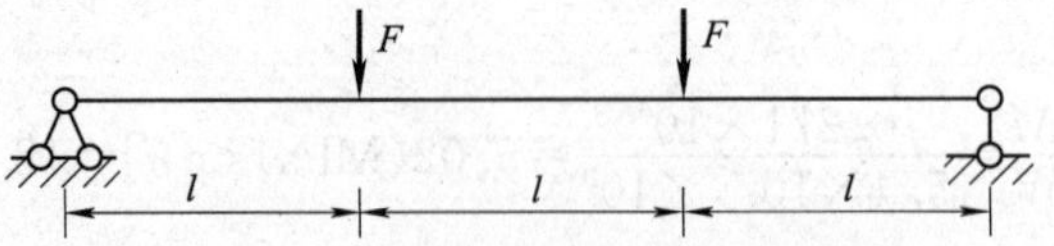

图 1.5　20 cm×14 cm 方木计算简图

集中荷载：　　　　　　$F=R=2V=2×8.14$ kN$=16.28$(kN)

截面抵抗矩：　　　　　$W=\dfrac{bh^2}{6}=\dfrac{0.14×0.2^2}{6}=9.33×10^{-4}$(m^3)

截面惯性矩：　　　　　$I=\dfrac{bh^3}{12}=\dfrac{0.14×0.2^3}{12}=9.33×10^{-5}$(m^4)

最大弯矩：　　　　　　$M=Fl=16.28×0.2=3.26$(kN·m)

故跨中最大弯曲应力：

$$\sigma=\frac{M}{W}=\frac{3.26×10^6}{9.33×10^{-4}×10^9}=3.49(\text{MPa})<[\sigma]=12\text{ MPa}$$

最大剪力：　　　　　　　　　　$F=16.28$ kN

最大剪应力：　$\tau=\dfrac{3F}{2A}=\dfrac{3×16.28×10^3}{2×140×200}=0.87(\text{MPa})<[\tau]=2.4$ MPa

最大挠度：

$$f=\frac{23Fl^3}{648EI}=\frac{23×16.28×10^3×600^3}{648×9\,000×9.33×10^{-5}×10^{12}}=0.149(\text{mm})<\frac{3l}{400}=1.5\text{ mm}$$

强度、刚度均满足要求。

3. 底板处受力检算

（1）底模面板

底板处作用在底模面板上的荷载：$p=54.6$ kPa。

底模面板采用的竹胶合板厚 $h=1.8$ cm，在其下横桥向垫置 10 cm×10 cm 的肋木，间距 20 cm，则竹胶合板顺桥向净跨距 $l=10$ cm（取两肋木边缘到边缘的距离），横桥向取单位宽 $b=1$m 的竹胶合板，按一跨简支梁检算，底模面板计算简图见图 1.6。

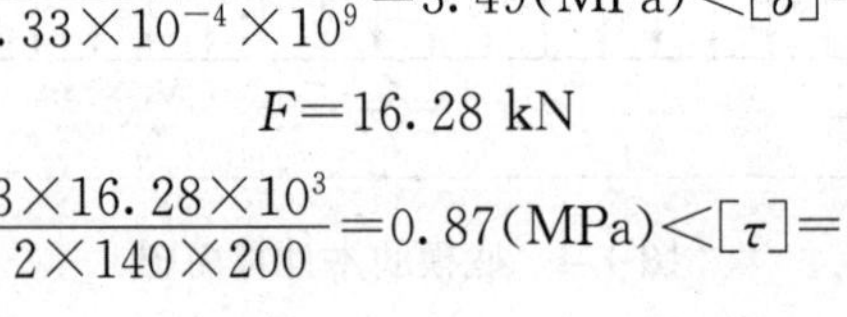

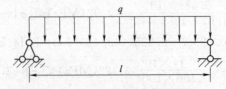

图 1.6　底板处底模面板计算简图

顺桥向线荷载：　　　　$q=p·b=54.6×1=54.6$(kN/m)

截面抵抗矩：　　　　　$W=\dfrac{bh^2}{6}=\dfrac{1×0.018^2}{6}=5.4×10^{-5}$(m^3)

截面惯性矩：　　　　　$I=\dfrac{bh^3}{12}=\dfrac{1×0.018^3}{12}=4.86×10^{-7}$(m^4)

跨中弯矩：
$$M=\frac{ql^2}{8}=\frac{54.6\times0.1^2}{8}=0.068(\mathrm{kN\cdot m})$$

故跨中最大弯曲应力：
$$\sigma=\frac{M}{W}=\frac{0.068\times10^6}{5.4\times10^{-5}\times10^9}=1.26(\mathrm{MPa})<[\sigma]=18\ \mathrm{MPa}$$

跨中最大挠度：
$$f=\frac{5ql^4}{384EI}=\frac{5\times54.6\times100^4}{384\times9\,000\times4.86\times10^{-7}\times10^{12}}=0.016(\mathrm{mm})<\frac{l}{400}=0.25\ \mathrm{mm}$$

强度、刚度均满足要求。

（2）底模肋木

底板处底模下采用 10 cm×10 cm 的横桥向肋木，间距 20 cm，其下为 20 cm×14 cm 的顺桥向承重方木，间距 90 cm，故 10 cm×10 cm 肋木横桥向跨距 $l=90$ cm，对其按两跨连续梁检算，底模横桥向肋木计算简图见图 1.7。

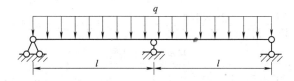

图 1.7　底模肋木计算简图

作用在横桥向肋木上的线荷载：
$$q=p\cdot b=54.6\times0.2=10.92(\mathrm{kN/m})$$

截面抵抗矩：
$$W=\frac{bh^2}{6}=\frac{0.1\times0.1^2}{6}=1.67\times10^{-4}(\mathrm{m^3})$$

截面惯性矩：
$$I=\frac{bh^3}{12}=\frac{0.1\times0.1^3}{12}=8.33\times10^{-6}(\mathrm{m^4})$$

中间支座最大负弯矩：
$$M=0.125ql^2=0.125\times10.92\times0.9^2=1.106(\mathrm{kN\cdot m})$$

故跨中最大弯曲应力：
$$\sigma=\frac{M}{W}=\frac{1.106\times10^6}{1.67\times10^{-4}\times10^9}=6.62(\mathrm{MPa})<[\sigma]=12\ \mathrm{MPa}$$

最大剪力：
$$V=0.625ql=0.625\times10.92\times0.9=6.14(\mathrm{kN})$$

最大剪应力：$\tau=\dfrac{3V}{2A}=\dfrac{3\times6.14\times10^3}{2\times100\times100}=0.921(\mathrm{MPa})<[\tau]=2.4\ \mathrm{MPa}$

最大挠度：
$$f=\frac{0.521ql^4}{100EI}=\frac{0.521\times10.92\times900^4}{100\times9\,000\times8.33\times10^{-6}\times10^{12}}=0.50(\mathrm{mm})<\frac{l}{400}=2.25\ \mathrm{mm}$$

可见强度、刚度均满足要求。

（3）底模肋木下承重方木

20 cm×14 cm 承重方木承受来自 10 cm×10 cm 横桥向肋木传来的集中力 F 的作用，其间距为横桥向肋木的间距，即 $l=20$ cm。集中力 F 的大小取 10 cm×10 cm 方木检算中的最大支反力 $R=2V=12.28$ kN。20 cm×14 cm 承重方木支点距取 $3l=60$ cm。按简支梁对

20 cm×14 cm 方木进行检算,计算简图见图 1.8。

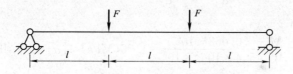

图 1.8　20 cm×14 cm 方木计算简图

集中荷载：　　　　　$F=R=2V=2×6.14=12.28(\text{kN})$

截面抵抗矩：　　　　$W=\dfrac{bh^2}{6}=\dfrac{0.14×0.2^2}{6}=9.33×10^{-4}(\text{m}^3)$

截面惯性矩：　　　　$I=\dfrac{bh^3}{12}=\dfrac{0.14×0.2^3}{12}=9.33×10^{-5}(\text{m}^4)$

最大弯矩：　　　　　$M=Fl=12.28×0.2=2.46(\text{kN·m})$

故跨中最大弯曲应力：

$$\sigma=\frac{M}{W}=\frac{3.26×10^6}{9.33×10^{-4}×10^9}=3.49(\text{MPa})<[\sigma]=12\ \text{MPa}$$

最大剪力：　　　　　　　$F=12.28\ \text{kN}$

最大剪应力：　$\tau=\dfrac{3F}{2A}=\dfrac{3×12.28×10^3}{2×140×200}=0.66(\text{MPa})<[\tau]=2.4\ \text{MPa}$

最大挠度：

$$f=\frac{23Fl^3}{648EI}=\frac{23×12.28×10^3×600^3}{648×9\,000×9.33×10^{-5}×10^{12}}=0.112(\text{mm})<\frac{3l}{400}=1.5\ \text{mm}$$

强度、刚度均满足要求。

4. 翼缘板处受力检算

(1)翼缘板面板

翼缘板处作用在面板上的荷载最大：$p=25.9\ \text{kPa}$。

翼缘板面板采用竹胶合板厚 $h=1.8\ \text{cm}$,在其下横桥向垫置 10 cm×10 cm 的肋木,间距 20 cm,则竹胶合板顺桥向净跨距 $l=10\ \text{cm}$,横桥向取单位宽 $b=1\ \text{m}$ 的竹胶合板,按一跨简支梁检算,计算简图见图 1.9。

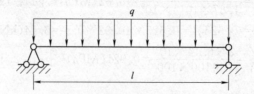

图 1.9　翼缘板处面板计算简图

顺桥向线荷载：　　　$q=p·b=25.9×1=25.9(\text{kN/m})$

截面抵抗矩：　　　　$W=\dfrac{bh^2}{6}=\dfrac{1×0.018^2}{6}=5.4×10^{-5}(\text{m}^3)$

截面惯性矩：　　　　$I=\dfrac{bh^3}{12}=\dfrac{1×0.018^3}{12}=4.86×10^{-7}(\text{m}^4)$

跨中弯矩：
$$M=\frac{ql^2}{8}=\frac{25.9\times0.1^2}{8}=0.032\,4(\text{kN}\cdot\text{m})$$

故跨中最大弯曲应力：
$$\sigma=\frac{M}{W}=\frac{0.032\,4\times10^6}{5.4\times10^{-5}\times10^9}=0.6(\text{MPa})<[\sigma]=18\text{ MPa}$$

跨中最大挠度：
$$f=\frac{5ql^4}{384EI}=\frac{5\times25.9\times100^4}{384\times9\,000\times4.86\times10^{-7}\times10^{12}}=0.007\,71(\text{mm})<\frac{l}{400}=0.25\text{ mm}$$

强度、刚度均满足要求。

(2)翼缘板肋木

翼缘板面板下采用 10 cm×10 cm 的横桥向肋木,间距 20 cm,其下为 20 cm×14 cm 的顺桥向承重方木,间距 120 cm,故 10 cm×10 cm 肋木横桥向跨距 $l=120$ cm,对其按两跨连续梁检算,底模横桥向肋木计算简图见图 1.10。

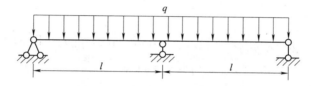

图 1.10　翼缘板肋木计算简图

作用在横桥向肋木上的线荷载：
$$q=p\cdot b=25.9\times0.2=5.18(\text{kN/m})$$

截面抵抗矩：
$$W=\frac{bh^2}{6}=\frac{0.1\times0.1^2}{6}=1.67\times10^{-4}(\text{m}^3)$$

截面惯性矩：
$$I=\frac{bh^3}{12}=\frac{0.1\times0.1^3}{12}=8.33\times10^{-6}(\text{m}^4)$$

中间支座最大负弯矩：
$$M=0.125ql^2=0.125\times5.18\times1.2^2=0.932(\text{kN}\cdot\text{m})$$

故跨中最大弯曲应力：
$$\sigma=\frac{M}{W}=\frac{0.932\times10^6}{1.67\times10^{-4}\times10^9}=5.58(\text{MPa})<[\sigma]=12\text{ MPa}$$

最大剪力：　　$V=0.625ql=0.625\times5.18\times1.2=3.89(\text{kN})$

最大剪应力：$\tau=\frac{3V}{2A}=\frac{3\times3.89\times10^3}{2\times100\times100}=0.584(\text{MPa})<[\tau]=2.4\text{ MPa}$

最大挠度：
$$f=\frac{0.521ql^4}{100EI}=\frac{0.521\times5.18\times1\,200^4}{100\times9\,000\times8.33\times10^{-6}\times10^{12}}=0.746\text{ mm}<\frac{l}{400}=3\text{ mm}$$

强度、刚度均满足要求。

(3)翼缘板肋木下承重方木

20 cm×14 cm 承重方木承受来自 10 cm×10 cm 横桥向肋木传来的集中力 F 的作用,其间距为横桥向肋木的间距,即 $l=20$ cm。集中力 F 的大小取 10 cm×10 cm 方木检算中的最大支反力 $R=2V=7.78$ kN。20 cm×14 cm 承重方木支点距取 $3l=60$ cm。按简支梁对

20 cm×14 cm 方木进行检算,计算简图见图 1.11。

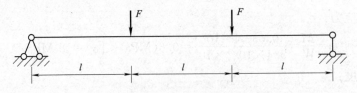

图 1.11　20 cm×14 cm 方木计算简图

集中荷载：　　　　　　$F=R=2V=2\times3.89=7.78(\text{kN})$

截面抵抗矩：　　$W=\dfrac{bh^2}{6}=\dfrac{0.14\times0.2^2}{6}=9.33\times10^{-4}(\text{m}^3)$

截面惯性矩：　　$I=\dfrac{bh^3}{12}=\dfrac{0.14\times0.2^3}{12}=9.33\times10^{-5}(\text{m}^4)$

最大弯矩：　　　　$M=Fl=7.78\times0.2=1.56(\text{kN}\cdot\text{m})$

故跨中最大弯曲应力：

$$\sigma=\frac{M}{W}=\frac{1.56\times10^6}{9.33\times10^{-4}\times10^9}=1.67(\text{MPa})<[\sigma]=12\text{ MPa}$$

最大剪力：　　　　　　　　$F=7.78\text{ kN}$

最大剪应力：　$\tau=\dfrac{3F}{2A}=\dfrac{3\times7.78\times10^3}{2\times140\times200}=0.417(\text{MPa})<[\tau]=2.4\text{ MPa}$

最大挠度：

$$f=\frac{23Fl^3}{648EI}=\frac{23\times7.78\times10^3\times600^3}{648\times9\,000\times9.33\times10^{-5}\times10^{12}}=0.071(\text{mm})<\frac{3l}{400}=1.5\text{ mm}$$

强度、刚度均满足要求。

5. 侧模板处受力检算

(1)侧模面板

作用在侧模面板上的荷载:$p=60$ kPa。

侧模面板采用的竹胶合板厚 1.8 cm,加劲肋木为 10 cm×10 cm 方木,肋木间距 30 cm,侧模净跨距 $l=20$ cm。取单位宽 $b=1$ m 的竹胶合板,按一跨简支梁检算,侧模面板计算简图见图 1.12。

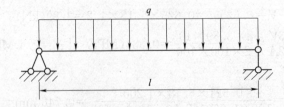

图 1.12　侧模面板计算简图

顺桥向线荷载：　　　　$q=p\cdot b=60\times1=60(\text{kN/m})$

截面抵抗矩：　　　$W=\dfrac{bh^2}{6}=\dfrac{1\times0.018^2}{6}=5.4\times10^{-5}(\text{m}^3)$

截面惯性矩：
$$I=\frac{bh^3}{12}=\frac{1\times0.018^3}{12}=4.86\times10^{-7}(\mathrm{m}^4)$$

跨中弯矩：
$$M=\frac{ql^2}{8}=\frac{60\times0.2^2}{8}=0.3(\mathrm{kN\cdot m})$$

故跨中最大弯曲应力：

$$\sigma=\frac{M}{W}=\frac{0.3\times10^6}{5.4\times10^{-5}\times10^9}=5.56(\mathrm{MPa})<[\sigma]=18\ \mathrm{MPa}$$

跨中最大挠度：

$$f=\frac{5ql^4}{384EI}=\frac{5\times60\times200^4}{384\times9\,000\times4.86\times10^{-7}\times10^{12}}=0.286(\mathrm{mm})<\frac{l}{400}=0.5\ \mathrm{mm}$$

强度、刚度均满足要求。

（2）侧模肋木

侧模 10 cm×10 cm 肋木间距 30 cm，背楞为 2[10 槽钢，背楞间距 90 cm，故 10 cm×10 cm 肋木跨度为 $l=90$ cm，对其按两跨连续梁检算，侧模肋木计算简图见图 1.13。

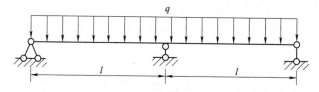

图 1.13 侧模肋木计算简图

作用在横桥向肋木上的线荷载：
$$q=p\cdot b=60\times0.2=12(\mathrm{kN/m})$$

截面抵抗矩：
$$W=\frac{bh^2}{6}=\frac{0.1\times0.1^2}{6}=1.67\times10^{-4}(\mathrm{m}^3)$$

截面惯性矩：
$$I=\frac{bh^3}{12}=\frac{0.1\times0.1^3}{12}=8.33\times10^{-6}(\mathrm{m}^4)$$

跨中弯矩： $M=0.125ql^2=0.125\times12\times0.9^2=1.215(\mathrm{kN\cdot m})$

故跨中最大弯曲应力：

$$\sigma=\frac{M}{W}=\frac{1.215\times10^6}{1.67\times10^{-4}\times10^9}=7.28(\mathrm{MPa})<[\sigma]=12\ \mathrm{MPa}$$

最大剪力： $V=0.625ql=0.625\times12\times0.9=6.75(\mathrm{kN})$

最大剪应力： $\tau=\frac{3V}{2A}=\frac{3\times6.75\times10^3}{2\times100\times100}=1.01(\mathrm{MPa})<[\tau]=2.4\ \mathrm{MPa}$

最大挠度：

$$f=\frac{0.521ql^4}{100EI}=\frac{0.521\times12\times900^4}{100\times9\,000\times8.33\times10^{-6}\times10^{12}}=0.547(\mathrm{mm})<\frac{l}{400}=2.25\ \mathrm{mm}$$

强度、刚度均满足要求。

（3）侧模槽钢背楞

背楞为 2[10 槽钢，拉杆间距取 $3l=90$ cm，背楞承受来自侧模 10 cm×10 cm 方木传来的集中力 F 的作用。集中力大小取侧模 10 cm×10 cm 方木验算中的最大支反力 $R=2V=$

13.5 kN。按简支梁对 2[10 槽钢进行检算,计算简图见图 1.14。

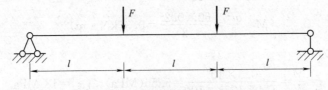

图 1.14　槽钢背楞计算简图

集中荷载:　　　　　　　　$F = R = 2V = 2 \times 6.75 = 13.5 (\text{kN})$

截面抵抗矩:　　　　　　　$W = 2 \times 3.97 \times 10^{-5} = 7.94 \times 10^{-5} (\text{m}^3)$

截面惯性矩:　　　　　　　$I = 2 \times 1.98 \times 10^{-6} = 3.96 \times 10^{-6} (\text{m}^4)$

最大弯矩:　　　　　　　　$M = \dfrac{Fl}{3} = \dfrac{13.5 \times 0.9}{3} = 4.05 (\text{kN} \cdot \text{m})$

故跨中最大弯曲应力:

$$\sigma = \frac{M}{W} = \frac{4.05 \times 10^6}{7.94 \times 10^{-5} \times 10^9} = 51 (\text{MPa}) < [\sigma] = 170 \text{ MPa}$$

最大剪力:　　　　　　　　　　$F = 13.5 \text{ kN}$

最大剪应力:

$$\tau = \frac{VS}{Ib_1} = \frac{13.5 \times 10^3 \times (2 \times 2.35 \times 10^{-8})}{2 \times 1.98 \times 10^{-6} \times (2 \times 5.3)} = 15.12 (\text{MPa}) < [\tau] = 100 \text{ MPa}$$

最大挠度:

$$f = \frac{23Fl^3}{648EI} = \frac{23 \times 13.5 \times 10^3 \times 900^3}{648 \times 2 \times 10^5 \times 3.96 \times 10^{-6} \times 10^{12}} = 0.441 (\text{mm}) < \frac{3l}{400} = 2.25 \text{ mm}$$

强度、刚度均满足要求。

(4)侧模拉杆

拉杆为 $\phi 20$ mm 圆钢,$A = 314.2$ mm^2,间距 90 cm×90 cm 作用在侧模面板上的荷载 $p = 60$ kPa。故单根拉杆所受拉力:

$$F = 60 \times 0.9 \times 0.9 = 48.6 (\text{kN})$$

拉杆最大应力:

$$\sigma = \frac{F}{A} = \frac{48.6 \times 10^3}{314.2} = 154 (\text{MPa}) < [\sigma] = 170 \text{ MPa}$$

强度满足要求。

任务 2　模板支架检算

2.1　工作任务

学生通过本任务的学习,能够进行以下内容的检算:

(1)角钢支架的强度检算;

(2)角钢支架的刚度检算;

(3)角钢支架的稳定性检算。

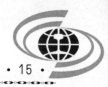

2.2　相关配套知识

组合钢模板

组合钢模板适用于各种类型的工业与民用建筑的现浇混凝土工程中。对于特殊工程应结合工程需要另行设计异型模板和配件。

近年来塑料模板、铝合金模板、钢框竹(木)胶板模板等组合模板已在一些工程施工中得到应用并取得较好效果,其构造形式和模数与组合钢模板相似。

组合式钢模板是现代模板技术中,通用性强、装拆方便、周转次数多的一种"以钢代木"的新型模板,用它进行现浇钢筋混凝土结构施工,可事先按设计要求组拼成梁、柱、墙、楼板的大型模板,整体吊装就位,也可采用散装散拆方法。但钢模板一次投资大,拼缝多,易变形,拆模后一般都要进行抹灰,个别还需要进行剔凿。

1. 结构组成

组合钢模板是指模板体系而言。组合钢模板由钢模板和配件两大部分组成。钢模板包括平面模板、阴角模板、阳角模板、连接角模等通用模板和倒棱模板、梁腋模板、柔性模板、搭接模板、可调模板及嵌补模板等专用模板。

配件的连接件包括 U 形卡、L 形插销钩头、紧固螺栓、对拉螺栓扣件等。

配件的支承件包括钢楞、柱箍、钢支柱、早拆柱头、斜撑组合支架、扣件式钢管支架、门式支架、碗扣式支架、方塔式支架、梁卡具、圈梁卡和桁架等。

钢模板采用模数制设计,通用模板的宽度模数以 50 mm 进级,长度模数以 150 mm 进级(长度超过 900 mm 时以 300 mm 进级)。

钢模板的规格应符合表 1.2 的要求。

表 1.2　钢模板规格(mm)

名　称		宽　度	长　度	肋高
平面模板		600、550、500、450、400、350、300、250、200、150、100	1 800、1 500、1 200、900 750、600、450	
阴角模板		150×150、100×150		
阳角模板		100×100、50×50		
连接角模		50×50		
倒棱模板	角棱模板	17、45	1 500、1 200、900、750 600、450	55
	圆棱模板	R20、R35		
梁腋模板		50×150、50×100		
柔性模板		100		
搭接模板		75		
双曲可调模板		300×200	1 500、900、600	
变角可调模板		200×160		
嵌补模板	平面嵌板	200、150、100	300、200、150	
	阴角模板	150×150、100×150		
	阳角嵌板	100×100、50×50		
	连接角模	50×50		

2. 配件的连接件

连接件应符合配套使用、装拆方便、操作安全的要求,其规格应符合表 1.3 的要求。

表 1.3　连接件规格(mm)

名　称		规　格
U 形卡		$\phi12$
L 形插销		$\phi12$、$l=345$
钩头螺栓		$\phi12$、$l=205$、180
紧固螺栓		$\phi12$、$l=180$
对拉螺栓		M12、M14、k416、T12、T14、T16、T18、T20
扣件	3 形扣件	26 型、12 型
	碟形扣件	26 型、18 型

3. 配件的支承件

支承件均应设计成工具式,其规格应符合表 1.4 的要求。

表 1.4　支承件规格(mm)

名　称		规　格
钢楞	圆钢管型	$\phi48\times3.5$
	矩形钢管型	□$80\times40\times2.0$,□$100\times50\times3.0$
	轻型槽钢型	[$80\times40\times3.0$,[$100\times50\times3.0$
	内卷边槽钢型	[$80\times40\times15\times3.0$,[$100\times50\times20\times3.0$
	轧制槽钢创	[$80\times43\times5.0$
柱箍	角钢型	∟$75\times50\times5$
	槽型钢	[$80\times43\times5$,[$100\times48\times5.3$
	圆钢管型	$\phi48\times3.5$
钢支柱	C-18 型	$l=1\,812\sim3\,112$
	C-22 型	$l=2\,212\sim3\,512$
	C-27 型	$l=2\,712\sim4\,012$
	早拆柱头	$l=600$、500
四管支柱	GH-125 型	$l=1\,250$
	GH-150 型	$l=1\,500$
	GH-175 型	$l=1\,750$
	GH-200 型	$l=2\,000$
	GH-300 型	$l=3\,000$
平面可调桁架		$330\times1\,990$
曲面可变桁架		$247\times2\,000$
		$247\times3\,000$
		$247\times4\,000$
		$247\times5\,000$

名　称		规　格
钢管支架		$\phi 48 \times 3.5, l = 2\,000 \sim 6\,000$
门式支架		宽度 $b = 1\,200, 900$
碗扣式支架		立柱 $l = 3\,000, 2\,400, 1\,800, 1\,200, 900, 600$
方塔式支架		宽度 $b = 1\,200, 1\,000, 900$，高度 $h = 1\,300, 1\,000$
梁卡具	YJ 型	断面小于 600×500
	圆钢管型	断面小于 700×500

型组合钢模板

55 型组合钢模板又称组合式定型小钢模，肋高 55 mm，是使用最早也是目前使用较广泛的一种通用性组合模板。另外，中型组合钢模板（例如 G-70 组合钢模板产品）是相对 55 型组合钢模板而言，中型组合钢模板肋高为 70 mm、75 mm 等，模板规格尺寸也比 55 型加大，采用的薄钢板厚度也加厚，这样使模板的刚度增大，能满足侧压力 50 kN/m² 的要求。55 型组合钢模板主要由钢模板、连接件和支承件三部分组成。

钢模板的规格应符合附录表 1 的要求。钢模板采用模数制设计，通用模板的宽度模数以 50 mm 进级，长度模数以 150 mm 进级（长度超过 900 mm 时以 300 mm 进级）。为满足组合钢模板横、竖拼装的特点，钢模板纵横肋的孔距与模板长度和宽度的模数应一致。由于模板长度的模数以 150 mm 进级，宽度模数以 50 mm 进级，所以模板纵肋上的孔距宜为 150 mm，端横肋上的孔距宜为 50 mm，这样可以达到横、竖任意拼装的要求。

1. 钢模板

钢模板采用 Q235 钢材制成，钢板厚度 2.5 mm，对于 ≥400 mm 宽面钢模板的钢板厚度应采用 2.75 mm 或 3.0 mm 钢板。主要包括平面模板、阴角模板、阳角模板、连接角模等，见附录表 2。钢模板应具有足够的刚度和强度。平面模板在规定荷载作用下的刚度和强度应符合规范要求，其截面特征应符合附录表 3 的要求。

2. 连接件

连接件由 U 形卡、L 形插销、钩头螺栓、紧固螺栓、扣件、对拉螺栓等组成，见表 1.5。扣件容许荷载见表 1.6。

表 1.5　对拉螺栓的规格和性能

螺栓直径(mm)	螺纹内径(mm)	净面积(mm²)	容许拉力(kN)
M12	10.11	76	12.90
M14	11.84	105	17.80
M16	13.84	144	24.50
T12	9.50	71	12.05
T14	11.50	104	17.65
T16	13.50	143	24.27
T18	15.50	189	32.08
T20	17.50	241	40.91

表 1.6　扣件容许荷载(kN)

项　目	型　号	容许荷载
碟形扣件	26 型	26
	18 型	18
3 形扣件	26 型	26
	12 型	12

3. 支承件

(1)钢楞

钢楞又称龙骨,主要用于支承钢模板并加强其整体刚度。钢楞的材料有 Q235 圆钢管、矩形钢管、内卷边槽钢、轻型槽钢、轧制槽钢等,可根据设计要求和供应条件选用,见表 1.7。

表 1.7　常用各种型钢钢楞的规格和力学性能

规　格(mm)		截面积 A	重量	截面惯性矩 I_x	截面最小抵抗矩 W_x
		cm²	kg/m	cm⁴	cm³
圆钢管	$\phi48\times3.0$	4.24	3.33	10.78	4.49
	$\phi48\times3.5$	4.89	3.84	12.19	5.08
	$\phi51\times3.5$	5.22	4.10	14.81	5.81
矩形钢管	□$60\times40\times2.5$	4.57	3.59	21.88	7.29
	□$80\times40\times2.0$	4.52	3.55	37.13	9.28
	□$100\times50\times3.0$	8.64	6.78	112.12	22.42
轻型槽钢	〔$80\times40\times3.0$	4.50	3.53	43.92	10.98
	〔$100\times50\times3.0$	5.70	4.47	88.52	12.20
内卷边槽钢	〔$80\times40\times15\times3.0$	5.08	3.99	48.92	12.23
	〔$100\times50\times20\times3.0$	6.58	5.16	100.28	20.06
轧制槽钢	〔$80\times43\times5.0$	10.24	8.04	101.30	25.30

(2)柱箍

柱箍又称柱卡箍、定位夹箍,用于直接支承和夹紧各类柱模的支承件,可根据柱模的外形尺寸和侧压力的大小来选用,见表 1.8。

表 1.8　常用柱箍的规格和力学性能

材　料	规　格 (mm)	夹板长度 (mm)	截面积 A (mm²)	截面惯性矩 I_x (mm⁴)	截面最小抵抗矩 W_x (mm³)	适用柱宽范围 (mm)
扁钢	─ 60×6	790	360	10.80×10^4	3.60×10^3	250~500
角钢	∟$75\times50\times5$	1 068	612	34.86×10^4	6.83×10^3	250~750
轧制槽钢	〔$80\times43\times5$	1 340	1 024	101.30×10^4	25.30×10^3	500~1 000
	〔$100\times48\times5.3$	1 380	1 074	198.30×10^4	39.70×10^3	500~1 200
钢管	$\phi48\times3.5$	1 200	489	12.19×10^4	5.08×10^3	300~700
	$\phi51\times3.5$	1 200	522	14.81×10^4	5.81×10^3	300~700

注:采用 Q235 钢。

（3）梁卡具

梁卡具又称梁托架。是一种将大梁、过梁等钢模板夹紧固定的装置，并承受混凝土侧压力，其种类较多。其中钢管型梁卡具适用于断面为 700 mm×500 mm 以内的梁；扁钢和圆钢管组合梁卡具适用于断面为 600 mm×500 mm 以内的梁，上述两种梁卡具的高度和宽度都能调节。

（4）钢支柱

钢支柱用于大梁、楼板等水平模板的垂直支撑，采用 Q235 钢管制作，有单管支柱和四管支柱多种形式。单管支柱分 C-18 型、C-22 型和 C-27 型三种，其规格（长度）分别为 1 812～3 112 mm、2 212～3 512 mm 和 2 712～4 012 mm。单管钢支柱的截面特征见表1.9。四管支柱截面特征见表1.10。

表 1.9　单管钢支柱截面特征

类型	项目	直径（mm）		壁厚（mm）	截面积 A（cm²）	截面惯性矩 I（cm⁴）	回转半径 r（cm）
		外径	内径				
CH	插管	48	43	2.5	3.57	9.28	1.16
	套管	60	55	2.5	4.52	18.70	2.03
YJ	插管	48	41	3.5	4.89	12.19	1.58
	套管	60	53	3.5	6.21	24.88	2.00

表 1.10　四管钢支柱截面特征

管柱规格（mm）	四管中心距（mm）	截面积 A（cm²）	截面惯性矩 I（cm⁴）	截面抵抗矩 W（cm³）	回转半径 r（cm）
ϕ48×3.5	200	19.57	2 005.34	121.24	10.12
ϕ48×3.0	200	16.96	1 739.06	105.14	10.13

（5）早拆柱头

用于梁和楼板模板的支撑柱头以及模板早拆柱头等。

（6）斜撑

用于承受墙、柱等侧模板的侧向荷载和调整竖向支模的垂直度。

（7）桁架

有平面可调和曲面可变式两种。

①平面可调桁架：用于楼板、梁等水平模板的支架。用它支设模板，可以节省模板支撑和扩大楼层的施工空间，有利于加快施工速度。

平面可调桁架采用角钢、扁钢和圆钢筋制成。两榀桁架组合后，其跨度可在 2 100～3 500 mm 范围内调整，一个桁架的总承载力为 20 kN（均匀放置）。

②曲面可变桁架：曲面可变桁架由桁架、连接件、垫板、连接板、方垫块等组成。适用于筒仓、沉井、圆形基础、明渠、暗渠、水坝、桥墩、挡土墙等曲面构筑物模板的支撑。

桁架用扁钢和圆钢筋焊制成，内弦与腹筋焊接固定，外弦可以伸缩，曲面弧度可以自由调节，最小曲率半径为 3 m。桁架的截面特征见表1.11。

表 1.11　桁架截面特征

项　目	杆件名称	杆件规格 (mm)	毛截面积 $A(cm^2)$	杆件长度 $l(mm)$	惯性矩 $I(cm^4)$	回转半径 $r(mm)$
平面可调 桁架	上弦杆	∟63×6	7.2	600	27.19	1.94
	下弦杆	∟63×6	7.2	1200	27.19	1.94
	腹杆	∟36×4	2.72	876	3.3	1.1
		∟36×4	2.72	639	3.3	1.1
曲面可变 桁架	内外弦杆	25×4	2×1＝2	250	4.93	1.57
	腹杆	φ18	2.54	277	0.52	0.45

（8）钢管脚手支架

主要用于层高较大的梁、板等水平构件模板的垂直支撑。

2.3　工程检算案例

工程概况

在桥梁跨越地物的施工条件受到严格限制或者桥梁跨度为非标准跨度时,可采用简支钢混结合梁进行调跨。某特大桥所跨越的高架桥连续梁取消,故该特大桥 13 号至 36 号墩区段内需对各孔跨调整,其中 31 号至 32 号孔跨调整为钢混结合梁。该特大桥 31 号、32 号墩为流线形实体墩,里程分别为 DK322＋609.98、DK322＋631.38;墩全高分别为 23.5 m、24.0 m,跨度为 21.4 m,钢混梁梁长为 21.3 m。

现浇方案

该特大桥 31 号～32 号的钢混结合梁,采用钢箱梁在对应桥位的地面进行拼装焊接,然后整体吊装到桥位上,翼缘板部分混凝土浇筑采用在钢箱梁两侧设置角钢支架(图 1.15)的方法进行混凝土浇筑。

底板混凝土采用厚度 200 mm,纤维平均长度≤3 mm 的 C30 纤维混凝土一次性浇筑,作业采用泵车从一侧向另一侧浇筑,并确保混凝土振捣密实;顶板混凝土浇筑顺序从一侧向另一侧浇筑,中间设置一道 50 cm 的后浇带,在桥面板浇筑完成 10 天后,浇筑后浇带。钢筋混凝土桥面板通过剪力钉与钢箱梁形成组合结构,起着共同受力的作用。

模板分两部分,一部分为钢箱梁箱室内部顶板模板,采用间距为 60 cm×60 cm 的钢管脚手架支撑,浇筑完成后,作业人员通过钢箱梁端部进人洞拆除模板及支架;另一部分为外模板,用于支撑翼缘板,模板采用悬挑钢托架上铺设竹胶板。

在钢箱梁拼装加工时将节点板栓接到腹板上,再安装悬挑钢托架,即在钢梁两侧设置角钢支架。为提高托架稳定性,托架采用角钢∟70×70×8(双列),三角架式设计(图 1.15),沿纵向方向间距为 1.0 m;节点板采用 16 mm 钢板焊接,节点板与钢箱梁腹板使用高强螺栓栓接,托架顶纵向采用 10 cm×5 cm 的方木,最后铺设 16 mm 竹胶板作为底模。

材料参数

（1）竹胶合板:$[\sigma]$＝18 MPa,E＝9 000 MPa;

（2）油松、新疆落叶松、云南松、马尾松:$[\sigma]$＝12 MPa(顺纹抗压、抗弯),$[\tau]$＝2.4 MPa(横纹抗剪),E＝9 000 MPa;

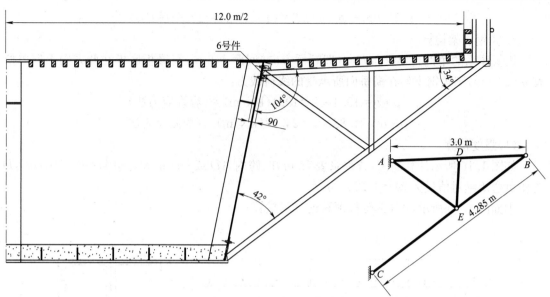

图 1.15　角钢支架计算简图

（3）角钢∟70×70×8（双列）：$A=2×10.667=21.334$ cm^2，$I=2×48.17=96.34$ cm^4，$W=2×9.68=19.36$ cm^3，$z_0=2.03$ cm，$b=7.0$ cm，$[\sigma]=170$ MPa，$f=215$ MPa；

（4）钢筋混凝土的容重取 26 kN/m^3。

翼缘板角钢支架检算

1. 荷载计算

钢混结合梁梁宽为 12.0m，两侧的翼缘板部分长 2.621 m，支架长度 $L_{AB}=3.0$ m；$L_{AD}=L_{DB}=L_{AB}/2=1.5$ m，$L_{BC}=4.285$ m，$L_{CE}=2.35$ m，$L_{AE}=1.72$ m，$L_{DE}=1.1$ m，顺桥向纵向间距1.0 m，混凝土厚度按根部 0.4 m 计。

（1）永久荷载

翼缘板处钢筋混凝土荷载：　　$p_1=26×0.4=10.4$(kPa)

翼缘板处模板荷载：　　　　　　$p_2=1$ kPa

（2）可变荷载

施工人员及设备荷载：　　　　　$p_3=2.5$ kPa

振捣混凝土产生荷载：　　　　　$p_4=2$ kPa（底板竖向荷载 2 kPa，侧模水平荷载 4 kPa）

泵送混凝土冲击荷载：　　　　　$p_5=3.5$ kPa

（3）荷载组合

①翼缘板处作用在底模上的荷载，当采用容许应力法时不需要分项系数：

$$p=(p_1+p_2)+(p_3+p_4+p_5)=(10.4+1)+(2.5+2+3.5)=19.4(\text{kPa})$$

检算挠度时，只取永久荷载：

$$p=p_1+p_2=10.4+1=11.4(\text{kPa})$$

②翼缘板处作用在底模上的荷载，采用极限状态法时需要考虑分项系数：

$$p=1.2×(p_1+p_2)+1.4×(p_3+p_4+p_5)$$
$$=1.2×(10.4+1)+1.4×(2.5+2+3.5)=24.88(\text{kPa})$$

检算挠度时，只取永久荷载：

$$1.2 \times (p_1 + p_2) = 1.2 \times (10.4 + 1) = 13.68 \, (\text{kPa})$$

2. 角钢支架检算

模板体系的角钢支架纵向方向(即顺桥方向)间距 1.0 m,翼缘板底模在此方向上取单位宽 $b = 1.0$ m,则角钢支架在横桥向所承受的线荷载为:

$$q = p \cdot b = 19.4 \times 1 = 19.4 \, (\text{kN/m}) \quad (\text{容许应力法})$$

$$q = p \cdot b = 24.88 \times 1 = 24.88 \, (\text{kN/m}) \quad (\text{极限状态法})$$

(1)强度检算

如图 1.16 所示计算简图,查附录表 7a 可知,跨内 AD 或 DB 最大弯矩 $M = 0.070 \times ql^2$,D 支座负弯矩绝对值最大 $M = 0.125 \times ql^2$。

①如图 1.15 所示,AB 部分按两跨连续梁检算

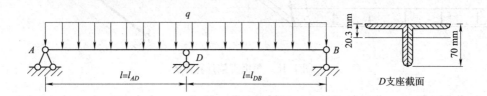

图 1.16　角钢支架 AB 部分计算简图

a. 跨内最大弯矩截面检算

采用容许应力法:

$$M = 0.070 \times ql^2 = 0.070 \times 19.4 \times 1\,500^2 = 3.06 \times 10^6 \, (\text{N} \cdot \text{mm})$$

$$\sigma = \frac{M}{I} \cdot (b - z_0) = \frac{3.06 \times 10^6}{96.34 \times 10^4} \times (70 - 20.3) = 157.9 \, (\text{MPa}) < [\sigma] = 170 \, \text{MPa}$$

强度满足要求。

采用极限状态法:

$$M = 0.070 \times ql^2 = 0.070 \times 24.88 \times 1\,500^2 = 3.92 \times 10^6 \, (\text{N} \cdot \text{mm})$$

$$\sigma = \frac{M}{I} \cdot (b - z_0) = \frac{3.92 \times 10^6}{96.34 \times 10^4} \times (70 - 20.3) = 202.2 \, (\text{MPa}) < f = 215 \, \text{MPa}$$

强度满足要求。

b. D 处角钢横截面检算

采用容许应力法:

$$M = 0.125 \times ql^2 = 0.125 \times 19.4 \times 1\,500^2 = 5.46 \times 10^6 \, (\text{N} \cdot \text{mm})$$

$$\sigma = \frac{M}{I} \cdot z_0 = \frac{5.46 \times 10^6}{96.34 \times 10^4} \times 20.3 = 115.0 \, (\text{MPa}) < [\sigma] = 170 \, \text{MPa}$$

强度满足要求。

采用极限状态法:

$$M = 0.125 \times ql^2 = 0.125 \times 24.88 \times 1\,500^2 = 7.0 \times 10^6 \, (\text{N} \cdot \text{mm})$$

$$\sigma = \frac{M}{I} \cdot z_0 = \frac{7.0 \times 10^6}{96.34 \times 10^4} \times 20.3 = 147.5 \, (\text{MPa}) < f = 215 \, \text{MPa}$$

强度满足要求。

②AD(或 DB)部分按简支梁检算

如图 1.17 所示计算简图，AD 跨中正弯矩绝对值最大。

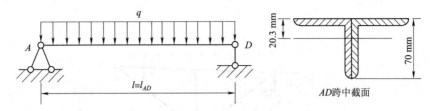

图 1.17　角钢支架 AD 部分计算简图

采用容许应力法：

$$M=\frac{ql^2}{8}=\frac{19.4\times1\,500^2}{8}=5.46\times10^6(\text{N}\cdot\text{mm})$$

$$\sigma=\frac{M}{I}\cdot(b-z_0)=\frac{5.46\times10^6}{96.34\times10^4}\times(70-20.3)=281.7(\text{MPa})>[\sigma]=170\text{ MPa}$$

强度不能满足要求。

采用极限状态法：

$$M=\frac{ql^2}{8}=\frac{24.88\times1\,500^2}{8}=7.0\times10^6(\text{N}\cdot\text{mm})$$

$$\sigma=\frac{M}{I}\cdot(b-z_0)=\frac{7.0\times10^6}{96.34\times10^4}\times(70-20.3)=361.1(\text{MPa})>f=215\text{ MPa}$$

强度不能满足要求。

(2)刚度检算

①AB 部分按两跨连续梁检算

采用容许应力法：

$$f=0.521\times\frac{ql^4}{100EI}=\frac{0.521\times11.4\times1\,500^4}{100\times2.1\times10^5\times96.34\times10^4}=1.49(\text{mm})<\frac{l}{400}=3.75\text{ mm}$$

刚度满足要求。

采用极限状态法：

$$f=0.521\times\frac{ql^4}{100EI}=\frac{0.521\times13.68\times1\,500^4}{100\times2.1\times10^5\times96.34\times10^4}=1.78(\text{mm})<\frac{l}{400}=3.75\text{ mm}$$

刚度满足要求。

②AD(或 DB)部分按简支梁检算

采用容许应力法：

$$f=\frac{5ql^4}{384EI}=\frac{5\times11.4\times1\,500^4}{384\times2.1\times10^5\times96.34\times10^4}=3.71(\text{mm})<\frac{l}{400}=3.75\text{ mm}$$

刚度满足要求。

采用极限状态法：

$$f=\frac{5ql^4}{384EI}=\frac{5\times13.68\times1\,500^4}{384\times2.1\times10^5\times96.34\times10^4}=4.46\text{ mm}>\frac{l}{400}=3.75\text{ mm}$$

刚度不满足要求。

（3）稳定性检算

角钢支架受力分析如图 1.18 所示，CE 为二力杆，AB 杆接近水平设置，按平面力系平衡条件 $\sum M_A = 0$，得到：

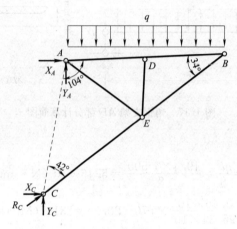

图 1.18　模板角钢支架计算简图

$$ql_{AB} \times \frac{l_{AB}}{2} = R_C \times l_{AB} \sin 34°$$

$$R_C = \frac{ql_{AB}}{2\sin 34°} = \frac{19.4 \times 3}{2 \times \sin 34°} = 52.0 \text{(kN)（容许应力法）}$$

$$R_C = \frac{ql_{AB}}{2\sin 34°} = \frac{24.88 \times 3}{2 \times \sin 34°} = 66.7 \text{(kN)（极限状态法）}$$

压杆 CE 的稳定条件：

$$i = \sqrt{\frac{I}{A}} = \sqrt{\frac{96.34}{21.334}} = 21.25 \text{(mm)}, \lambda = \frac{\mu l_{CE}}{i} = \frac{1.0 \times 2\,350}{21.25} \approx 111$$

查附录表 4c，$\varphi = 0.415$。

$$\sigma = \frac{N_{CE}}{A} = \frac{R_C}{A} = \frac{52\,000}{21.334 \times 100} = 24.37 \text{(MPa)} \leqslant \varphi[\sigma] = 0.415 \times 170 = 70.55 \text{(MPa)}$$

稳定性满足要求。

$$\sigma = \frac{N_{CE}}{A} = \frac{R_C}{A} = \frac{66\,700}{21.334 \times 100} = 31.26 \text{(MPa)} \leqslant \varphi[\sigma] = 0.415 \times 170 = 70.55 \text{(MPa)}$$

稳定性满足要求。

实训项目

学生通过本实训项目的学习，能初步使用计算软件绘制角钢支架的内力图，对以下各项目进行进一步训练：

（1）角钢支架的强度检算；

（2）角钢支架的刚度检算；

（3）角钢支架的稳定性检算。

翼缘板模板体系的角钢支架纵向方向（即顺桥方向）间距 1.0 m，翼缘板底模在此方向上取单位宽 $b=1.0$ m，则角钢支架在横桥向所承受的线荷载为：

$$q=p \cdot b=19.4 \times 1=19.4 \text{ kN/m（容许应力法）}$$
$$q=p \cdot b=24.88 \times 1=24.88 \text{ kN/m（极限状态法）}$$

在本实训项目中，使用 Ansys 或 Midas Civil 计算软件进行检算。

1. 强度检算

角钢支架的 AB 部分按两跨连续梁检算，计算简图如图 1.19 所示。

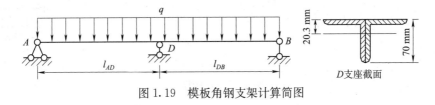

图 1.19　模板角钢支架计算简图

当 $q=p \cdot b=19.4 \times 1=19.4$ kN/m（容许应力法）时，使用 Midas Civil 计算软件绘制的弯矩图见图 1.20。

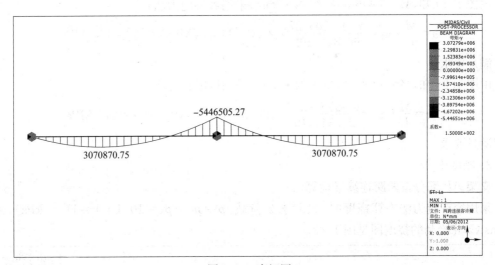

图 1.20　弯矩图

当 $q=p \cdot b=24.88 \times 1=24.88$ kN/m（极限状态法）时，使用 Midas Civil 绘制的弯矩图见图 1.21。

（1）跨内最大弯矩截面检算

由图 1.20 知，$M=3\ 070\ 870.75$ N·mm，采用容许应力法：

$$\sigma=\frac{M}{I} \cdot (b-z_0)=\frac{3\ 070\ 870.75}{96.34 \times 10^4} \times (70-20.3)=158.4(\text{MPa}) < [\sigma]=170 \text{ MPa}$$

强度满足要求。

由图 1.21 知，$M=3\ 938\ 312.60$ N·mm，采用极限状态法：

$$\sigma=\frac{M}{I} \cdot z_0=\frac{3\ 938\ 312.60}{96.34 \times 10^4} \times (70-20.3)=203.2(\text{MPa}) < f=215 \text{ MPa}$$

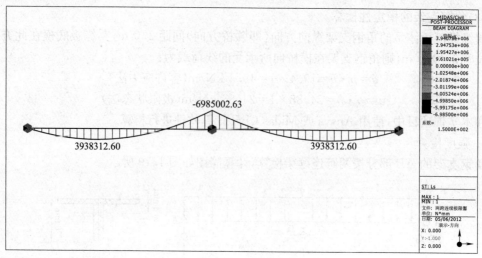

图 1.21　弯矩图

强度满足要求。

（2）D 处角钢横截面检算

由图 1.20 知，$M = 5\,446\,505.27\ \text{N} \cdot \text{mm}$，采用容许应力法：

$$\sigma = \frac{M}{I} \cdot z_0 = \frac{5\,446\,505.27}{96.34 \times 10^4} \times 20.3 = 114.8(\text{MPa}) < [\sigma] = 170\ \text{MPa}$$

强度满足要求。

由图 1.21 知，$M = 6\,985\,002.63\ \text{N} \cdot \text{mm}$，采用极限状态法：

$$\sigma = \frac{M}{I} \cdot z_0 = \frac{6\,985\,002.63}{96.34 \times 10^4} \times 20.3 = 147.2(\text{MPa}) < f = 215\ \text{MPa}$$

强度满足要求。

2. 刚度检算

支架 AB 部分按两跨连续梁检算。

采用容许应力法检算挠度时，只取永久荷载：$p = p_1 + p_2 = 10.4 + 1 = 11.4(\text{kPa})$，采用 Midas Civil 绘制的挠度图见图 1.22。

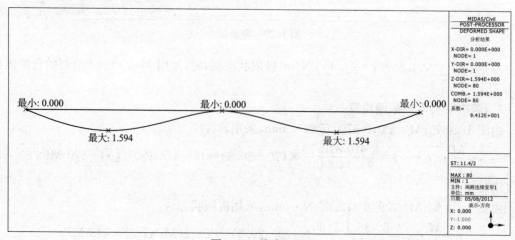

图 1.22　挠度矩图

$$f=1.594 \text{ mm} < l/400 = 3.75 \text{(mm)} \quad （刚度满足要求）$$

采用极限状态法检算挠度时，只取永久荷载：$1.2 \times (p_1 + p_2) = 1.2 \times (10.4 + 1) = 13.68 \text{(kPa)}$，采用 Midas Civil 绘制的挠度图见图 1.23。

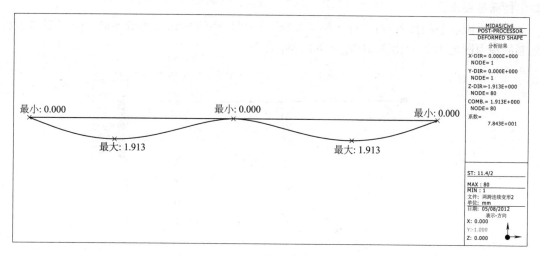

图 1.23 挠度图

$$f=1.913 \text{ mm} < l/400 = 3.75 \text{(mm)} \quad （刚度满足要求）$$

3. 稳定性检算

稳定性检算的计算简图见图 1.18.

采用容许应力法计算时：$q = p \cdot b = 19.4 \times 1 = 19.4 \text{ kN/m}$，使用 Midas Civil 计算软件绘制的轴力图见 1.24。由图知 $N_{CE} = 51\ 743.37 \text{ N}$。

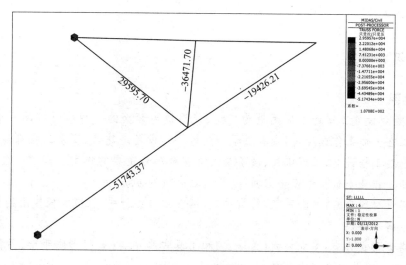

图 1.24 轴力图

压杆 CE 的稳定条件：

$$i = \sqrt{\frac{I}{A}} = \sqrt{\frac{96.34}{21.334}} = 21.25 \text{(mm)}, \quad \lambda = \frac{\mu l_{CE}}{i} = \frac{1.0 \times 2\ 350}{21.25} \approx 110。$$

查附录表 4c，$\varphi=0.415$。

$$\sigma=\frac{N_{Œ}}{A}=\frac{51\,743.37}{21.334\times100}=24.25(\text{MPa})\leqslant\varphi[\sigma]=0.415\times170=70.55(\text{MPa})$$

稳定性满足要求。

采用极限状态法计算时：$q=p\cdot b=24.88\times1=24.88(\text{kN/m})$，使用 Midas Civil 计算软件绘制的轴力图见 1.25。由图知 $N_{Œ}=66\,359.54$ N。

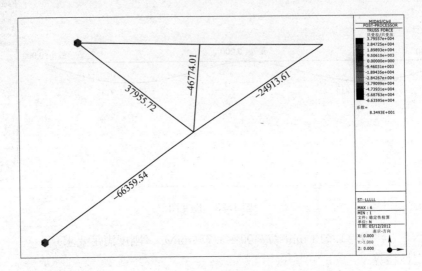

图 1.25　轴力图

$$\sigma=\frac{N_{Œ}}{A}=\frac{66\,359.54}{21.334\times100}=31.11\ \text{MPa}\leqslant\varphi[\sigma]=0.415\times170=70.55\ \text{MPa}$$

稳定性满足要求。

 知识拓展

1. 脚手架

脚手架是建设施工现场上应用最为广泛、使用最为频繁的一种临时搭建的结构，备有通道，人员可以在上面工作或经过，或者用于放置材料和设备。建筑、安装工程都需要借助脚手架来完成，它对工程进度、工艺质量、设备及人身安全起着重要的作用。搭建一个合格的脚手架，在保证高处作业人员生命安全方面，是最行之有效的方法。

(1)按搭设材料分有：木脚手架、竹脚手架、钢管和角铁脚手架(应积极使用钢管、角铁脚手架，淘汰竹木脚手架)；

(2)按搭设形式分有：多立杆式(落地式)和工具式脚手架(有门形脚手架、吊篮式脚手架、悬挑式脚手架和附着式升降脚手架)。

脚手架是为高处作业创造施工条件，脚手架搭设不牢固、不稳定，就会造成施工中的伤亡事故。脚手架一般应满足以下要求：

(1)要有足够的牢固性和稳定性，保证在施工期间对所规定的荷载或在气候条件的影响下不变形、不摇晃、不倾斜，能确保作业人员的人身安全。

(2)要有足够的面积满足堆料、运输、操作和行走的要求。

(3)构造要简单,搭设、拆除和搬运要方便.使用要安全,并能满足多次周转使用。

(4)要因地制宜,就地取材,量材施用,尽量节约用料。

(5)脚手架严禁钢木、钢竹混搭,严禁不同受力性质的外架连接在一起。

2. MIDAS 公司与 MIDAS /Civil

MIDAS Information Technology Co. , Ltd. 正式成立于 2000 年 9 月 1 日,简称 MIDAS IT,是浦项制铁(POSCO)集团成立的第一个 Venture Company,隶属于浦项制铁开发公司 (POSCO E&C)。POSCO E&C 是 POSCO 的一个分支机构,是韩国具实力的建设公司之一。

MIDAS IT 是开发和提供工程技术软件,并提供建筑结构设计咨询服务及电子商务的综合服务公司。北京迈达斯技术有限公司成立于 2002 年 11 月,从事建筑结构、桥梁、岩土隧道、机械等工程领域分析与设计软件的开发、销售、技术支持和培训工作,目前拥有开发和销售两个独立法人公司,且在北京、上海、广州、成都、沈阳、武汉设有销售分公司,员工数量近 200 名。

MIDAS/Civil 是个通用的空间有限元分析软件,可适用于桥梁结构、地下结构、工业建筑、飞机场、大坝、港口等结构的分析与设计。特别是针对桥梁结构,MIDAS/Civil 结合国内的规范与习惯,在建模、分析、后处理、设计等方面提供了很多的便利的功能。

 项目小结

1. 模板体系,简称模板,是指由面板、支架和连接件三部分系统组成的体系;模板体系的类型按模板施工方法分有拆移式模板和活动式模板。拆移式模板又有 3 种形式:拼装式模板、整体吊装模板及组合式模板。

2. 模板体系的基本要求:应保证混凝土结构和构件各部分设计形状、尺寸和相互间位置正确;应具有足够的强度、刚度和稳定性,连接牢固,能承受新浇筑混凝土的重力、侧压力及施工中可能产生的各项荷载;接缝不漏浆,制作简单,安装方便,便于拆卸和多次使用;能与混凝土结构和构件的特征、施工条件和浇筑方法相适应。

3. 制作混凝土模板用的竹胶合板,具有收缩率小、膨胀率和吸水率低及承载能力大的特点,是一种具有发展前途的新型建筑模板。我国行业标准《竹胶合板模板》(JGT 156—2004)中混凝土模板用竹胶合板的厚度常为 9 mm、12 mm、15 mm、18 mm。

4. 组合式钢模板是现代模板技术中具有通用性强、装拆方便、周转次数多的一种"以钢代木"的新型模板,它适用于各种类型的工业与民用建筑的现浇混凝土工程。组合钢模板是指模板体系而言。组合钢模板由钢模板和配件两大部分组成。钢模板包括平面模板、阴角模板、阳角模板、连接角模等通用模板和倒棱模板、梁腋模板、柔性模板、搭接模板、可调模板及嵌补模板等专用模板。

5. 55 型组合钢模板又称组合式定型小钢模,肋高 55mm,是使用最早也是目前使用较广泛的一种通用型组合模板。另外,中型组合钢模板是相对 55 型组合钢模板而言的,中型组合钢模板肋高为 70 mm、75 mm 等,模板规格尺寸也比 55 型加大。55 型组合钢模板主要由钢模板、连接件和支承件三部分组成。

6. 面板与纵横肋检算内容包括:腹板处底模面板、肋木及承重方木的强度与刚度检算;底板处底模面板、肋木及承重方木的强度与刚度检算;翼缘板处底模面板、肋木及承重方木的强度与刚度检算。

7. 角钢支架检算内容包括：角钢支架的强度检算、角钢支架的刚度检算及角钢支架的稳定性检算。

 复习思考题

1. 模板体系由哪几部分构成？ 按模板施工方法分，模板体系的类型有哪些？

2. 面板、支架在模板体系中的作用是什么？ 楞梁是什么意思？

3.《铁路混凝土工程施工技术指南》（铁建设〔2010〕241 号）中对模板的基本要求是什么？

4. 什么是组合钢模板？ 组合钢模板由哪几部分组成？

5. 55 型组合钢模板主要由哪几部分组成？ 肋高是多少？

6. 竹胶合板的结构构造如何？ 常用的尺寸及力学参数有哪些？

7. 常用肋木及承重方木的横断面尺寸及力学参数有哪些？

8. 角钢的几何特性与力学参数如何查取？

9.《建筑施工模板安全技术规范》（JGJ162—2008）中荷载标准值有几种类型？ 荷载设计值是什么含义？

10. 永久荷载、可变荷载是什么意思？ 是如何分类的？

11. 永久荷载、可变荷载的分项系数如何确定？ 荷载怎样组合？

12. 在任务 1 中，肋木及承重方木是如何放置的？

13. 在任务 2 中，各排角钢支架顺桥向的间距是多少？

14. 线荷载与其对应的新浇筑混凝土压强之间的大小关系式是什么？

15. 角钢支架的检算内容有哪些？

16. 如何查取两等跨连续梁的内力和挠度系数？

17. 如何查取角钢轴心受压构件的稳定系数 φ？

项目 2　支架常备式构件检算

项目描述

本项目介绍了贝雷架、钢管脚手架支架（碗扣式、扣件式）、万能杆件及军用梁的结构组成及其参数。

在工程检算案例中，对贝雷架梁跨进行了强度、刚度检算，对贝雷架钢管支墩进行了稳定性检算；对碗扣式满堂支架中的立杆、分配梁及门洞工字钢进行了强度、刚度检算。

学习目标

1. 能力目标

(1)能够检算支架常备式构件的强度、刚度与稳定性；

(2)能够初步使用计算软件；

(3)能够编制检算书。

2. 知识目标

(1)熟悉支架常备式构件的力学参数指标；

(2)掌握支架常备式构件的种类、构造及检算方法；

(3)支架常备式构件的检算项目。

任务 1　贝雷架检算

1.1　工作任务

学生通过本任务的学习，能够进行以下内容的检算：

(1)贝雷架作为梁跨使用时，梁跨在各工况下的强度检算；

(2)贝雷架作为梁跨使用时，梁跨在各工况下的刚度检算；

(3)贝雷架作为梁跨使用时，梁跨之下钢管支墩的稳定性检算。

1.2　相关配套知识

贝雷架

贝雷架，即贝雷钢桥，也称装配式公路钢桥或组合钢桥，最初由英国的工程师唐纳德·贝雷(Sir Donald Bailey)于二战初期设计。它以最少种类的单元构件拼装成各种不同跨径的桥梁，非熟练工人即可人力搭建，一般中型卡车运输。二战期间，这种军用钢桥被大量用于欧洲及远东战场。二战之后，世界各国都在原贝雷钢桥的基础上结合本国实际情况设计了类似的装配式公路钢桥。

　　"321"装配式公路钢桥是原交通部交通工程设计院在原英制贝雷钢桥的基础上，结合我国国情和实际情况研制而成的应急交通保障快速组装桥梁，如图 2.1 所示。"321"装配式公路钢桥采用国产 16Mn 钢（表 2.1）。我国工地常把国产"321"装配式公路钢桥习惯称呼为"贝雷架"。从 1965 年定型生产以来，在抢险救灾、边境自卫反击、国际维和行动等应急交通保障中发挥了重要作用，是我国应用最为广泛的组装式桥梁。

图 2.1　贝雷架用于应急抢修

表 2.1　"321"装配式公路钢桥的主要技术指标

桥面净宽(m)	3.7
跨距(m)	简支桥梁 9～63
	龙门吊架最大跨度 60
荷载标准	汽车—10 级，汽车—15 级 汽车—20 级
	挂车 80 级
	履带 50 级

　　贝雷架具有结构简单、适应性强、互换性好、拆装快捷、架设速度快、运输方便、载重量大等特点，广泛应用于临时便桥、加强桥梁、施工支架、龙门架和缆索吊立柱。

　　ZB-200 型装配式公路钢桥是总装备部工程兵科研一所与西安筑路机械厂钢桥分厂共同研制、开发的最新一代拆装下承式战备钢桥（图 2.2）。

图 2.2　ZB-200 型装配式钢桥

　　ZB-200 型钢桥于 2002 年完成了样桥定型试验与检测（表 2.2），正式定型并获得了主管部门颁发的科技成果鉴定证书。它在结构上拥有三项发明专利，具有标准化程度高，承载能力强，疲劳寿命长，经济性能好，架设简单，适应性能强，安全可靠等特点。桥梁的桁架和加强弦杆的结构，化解了焊接应力集中的问题，使桥梁在大载荷条件下的疲劳寿命大幅度提高。桥面结构作了大胆创新，使构件重量减轻，承载能力增大。

　　HD200 型装配式公路钢桥是在 321 型钢桥的基础上，参照英国美贝公司最新设计的轻便200 型钢桥，由中交公路规划设计院设计和开发的新一代战备钢桥（表 2.3）。HD200 型装配式公路钢桥增加了桁架高度，提高了承载能力，增强了稳定性能，增加了疲劳寿命，提高了可靠

度,可作为永久性或半永久性桥梁使用。与 321 型钢桥比较,相同组合情况下,强度提高了 33%,刚度提高了 2.3 倍,加工制造精度良好,桥梁平整顺直,是目前国内同类桥梁中最先进的装配式公路钢桥。

表 2.2　ZB-200 装配式公路钢桥的主要技术指标

桥面净宽(m)	4.2
跨距(m)	单车道 9～69,双车道 9～48,三排加强型桥(TSR3)最大 51 m
荷载标准	汽车—20 级
	轮式轴压 13 级
	履带 50 级

表 2.3　HD200 装配式公路钢桥的主要技术指标

桥面净宽(m)	4.2	
跨距(m)	单车道　9～60	
	双车道　9～48	
荷载标准	汽车—10 级、汽车—20 级	
	HS15、HS20 级	
	履带 50 级	

1. 结构组成

"321"装配式公路钢桥是由单销连接桁架单元作为主梁的半穿下承式米字形桥梁,如图 2.3 所示。其基本构件按用途可分为主体结构、桥面系、支撑连接结构和桥端结构四大部分,并配有专用的架设工具。

图 2.3　"321"装配式公路钢桥

(1)主体结构:即桁架式主梁,由桁架单元、桁架销子、端柱、加强弦杆、桁架螺栓、弦杆螺栓等构成。

(2)桥面系:包括横梁、纵梁、桥面板、缘材等。

(3)支撑连接结构:包括斜撑、联板、支撑架、抗风拉杆等。

(4)桥端结构:由支座、座板、搭板、搭板支座等构成。

桁架式主梁由每节 3 m 长的桁架用销子连接而成,位于车行道的两侧,主梁间用横梁相连,每格桁架设置两根横梁;横梁上设置 4 组纵梁,中间两组为无扣纵梁,外侧两组为有扣纵梁;纵梁上铺设木质桥板,桥板两侧用缘材固定,桥梁两端设有端柱。横梁上可直接铺 U 形桥板。主梁通过端柱支承于桥座(支座)和座板上,桥梁与进出路间用桥头搭板连接,中间为无扣搭板,两侧为有扣搭板,搭板上铺设桥板、固定缘材。全桥设有许多连接系构件(如斜撑、抗风拉杆、支撑架、联板等),使桥梁形成稳定的空间结构。

为适应不同荷载和跨径的变化,主梁桁架组合可有 10 种相应的变化,即单排单层(英文缩写 SS,图 2.4)、双排单层(DS,图 2.5)、三排单层(TS,图 2.6)、双排双层(DD,图 2.7)、三排双层(TD,图 2.8)和在上述 5 种组合的上、下弦杆上增设加强弦杆的 5 种形式(图 2.9~图 2.13)。增设加强弦杆时,通常冠以"加强"二字(用英文表示时增加"R"),例如,"三排单层加强型(TSR)"等。

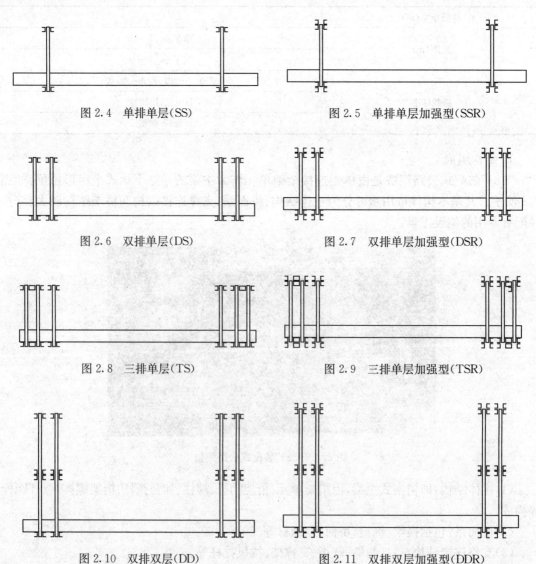

图 2.4 单排单层(SS)   图 2.5 单排单层加强型(SSR)

图 2.6 双排单层(DS)   图 2.7 双排单层加强型(DSR)

图 2.8 三排单层(TS)   图 2.9 三排单层加强型(TSR)

图 2.10 双排双层(DD)   图 2.11 双排双层加强型(DDR)

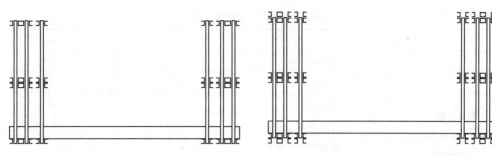

图 2.12　三排双层(TD)　　　　　　　　　图 2.13　三排双层加强型(TDR)

2. 桁架单元及参数

桁架单元即桁架片,由上下弦杆、竖杆和斜杆焊接而成,见图 2.14。上下弦杆的一端为阴头,另一端为阳头,在阴、阳头上都有销子孔。两节桁架拼接时,将一节的阳头插入另一节的阴头内,对准销子孔,插上销子。每片桁架重 270 kg;肩抬需作业手 4 人,手抬则需 8 人;如将上下弦杆的加强弦杆连接后再用手抬,则需增加 4 人。桁架单元杆件性能见表 2.4。

图 2.14　桁架单元及参数

表 2.4　桁架单元杆件性能

杆件名	材料	横断面形式	横断面积 (cm²)	I_x (cm⁴)	W_x (cm³)	i_x (cm)	I_y (cm⁴)	W_y (cm³)	I_y (cm)	理论容许承载能力(kN)
弦杆	16Mn	][10	25.48	396.6	79.4	3.95	827	94	5.7	560
竖杆	16Mn	I8	9.52	99	24.8	3.21	12.7	4.9	1.18	210
斜杆	16Mn	I8	9.52	99	24.8	3.21	12.7	4.9	1.18	171.5

桁架其他常用参数见表 2.5~表 2.9。

表 2.5　各类桥梁每节重量表(kN)

构造 \ 装配	鼻架			单排单层		双排单层		三排单层		双排双层		三排双层		说明
	单排单层	双排单层	三排单层	标准型	加强型	标准型	加强型	标准型	加强型	标准型	加强型	标准型	加强型	
全部装齐	9.0	15.0	20.7	22.7	26.3	28.7	35.7	34.4	45.0	40.2	47.3	51.7	62.3	木质桥板
全部装齐				21.7	25.3	27.7	34.7	33.4	44.0	39.2	46.3	50.7	61.3	钢质桥面

表 2.6 桥梁几何特性表

几 何 特 性		$W(\text{cm}^3)$	$I(\text{cm}^4)$
单排单层	标准型	3 578.5	250 497.2
	加强型	7 699.1	577 434.4
双排单层	标准型	7 157.1	500 994.4
	加强型	15 398.3	1 154 868.8
三排单层	标准型	10 735.6	751 491.6
	加强型	23 097.4	1 732 303.2
双排双层	标准型	14 817.9	2 148 588.8
	加强型	30 641.7	4 596 255.2
三排双层	标准型	22 226.8	3 222 883.2
	加强型	45 962.6	6 894 390.0

注:表中数值为半边桥之值,全桥时应乘 2。

表 2.7 桁架结构容许内力表

桥型 容许内力	标准结构型					加强结构型				
	单排单层	双排单层	三排单层	双排双层	三排双层	单排单层	双排单层	三排单层	双排双层	三排双层
	SS	DS	TS	DD	TD	SSR	DSR	TSR	DDR	TDR
弯矩(kN·m)	788.2	1 576.4	2 246.4	3 265.4	4 653.2	1 687.5	3 375.0	4 809.4	6 750.0	9 618.8
剪力(kN)	245.2	490.5	698.9	490.5	698.9	245.2	490.5	698.9	490.5	698.9

表 2.8 荷载、跨径与桥梁组合配置表

跨径 (m)	荷 载				
	汽车—10 级	汽车—15 级	汽车—20 级	履带—50 级	挂车—80 级
9	SS	SS	SS	SS	—
12	SS	SS	SS	SS	DS
15	SS	SS	SSR	SSR	DS
18	SS	SSR	DS	DS	DS
21	SSR	SSR	DS	DS	DSR
24	SSR	DS	DS	DSR	DSR
27	SSR	DSR	DSR	DSR	DSR
30	DS	DSR	DSR	DSR	TSR
33	DSR	DSR	DSR	DSR	TSR
36	DSR	DSR	DSR	DSR	TSR
39	DSR	DSR	TSR	TSR	TDR
42	DSR	TSR	TSR	TSR	TDR
45	TSR	TSR	TDR	TDR	—
48	TSR	DDR	TDR	TDR	—
51	DDR	DDR	TDR	TDR	—

续上表

跨径	荷　载				
(m)	汽车—10 级	汽车—15 级	汽车—20 级	履带—50 级	挂车—80 级
54	DDR	DDR	—	TDR	—
57	DDR	TDR	—	TDR	—
60	DDR	TDR	—	TDR	—
61	TDR	—	—	—	—

表 2.9　贝雷技术性能对比表

区　分	老贝雷	200 型贝雷	区　分	老贝雷	200 型贝雷
桁架长(m)	3.304 8		桥面宽(m)	3.7 (可加宽到 4.0)	4.7 (可加宽到 7.0)
高(m)	1.447 8	2.236			
重(N)	2 700	2 860	桥面材料	木板	钢桥板
桁架抗弯能力(kN·m)	770.41	1 270.5	每节桁架横梁数	2 或 4	1
桁架抗剪强度(kN)	152	355.1	30 m 桥跨自重(kN)	470	320
			30 m 桥跨构件数	102 件	31 件
桁架弦杆轴力(kN)	559	650.1	30 m 桥跨双排单层 架设时间(h)	6	4
材　料	50A(相当于 M16)		60 m 桥跨自重(kN)	1 500	1 040
			60 m 桥跨构件数	141	98

军用梁

六四式铁路军用梁是我国自行研制的、中等跨度适用的、标准轨距和 1 m 轨距通用的一种铁路桥梁抢修制式器材。它是一种全焊构架主桁、销接组装、单层或双层多片式、明桥面体系的拆装式上承钢桁梁,如图 2.15 所示。

图 2.15　六四式铁路军用梁

1964 年 6 月经国务院军工产品定型委员会批准设计定型(代号 102)。1967 年批准改型,定名为"加强型六四式铁路军用梁"。两种器材代号分别为:六四式铁路军用梁 102-1 和加强型六四式铁路军用梁 102-3。二者装配尺寸相同,可以互换装配,具体区别在于二者所使用的材料不同:前者是 16Mn 低合金钢,后者仅用 15MnVN 高强度低合金钢加强标准三角和标准弦杆。

1. 适用范围

主要用于战时标准轨距铁路桥梁的梁部结构的应急抢修(图 2.16),也适用于 1 m 轨距的铁路桥梁。必要时,也可用作铁路浮桥的梁部结构,在新建铁路工程中,可作临时桥梁和平时铁路桥梁防洪抢险器材使用。在桥梁建设工程中,可广泛用作施工便桥、脚手、膺架或拼组简易架桥机、龙门吊机等。增配公路桥面后,也可以用于公路桥梁抢修和临时公路便桥的快速修建,以及作为公路工程的施工辅助器材。

图 2.16　军用梁用于应急抢修

六四式铁路军用梁器材在 16~48 m 跨度范围内、加强型六四式铁路军用梁器材在 16~53 m 跨度范围内,除可以拼组铁路标准跨度外,配用不同长度的辅助端构架,除 18.5 m、22.5 m、26.5 m、30.5 m、34.5 m、38.5 m、42.5 m、46.5 m、50.5 m 等几种跨度不能拼组外,其余都可以按每 0.5 m 变化跨度,能够完全适应我国铁路标准跨度和现有非标准跨度桥梁的梁部结构的抢修之用。

低支点套器材除可以拼组铁路标准跨度梁外,非标准跨度的梁只能按标准跨度增加 1 m 或增加 2 m 两种长度调整跨度。

2. 器材组成

1)构件

六四式铁路军用梁和加强型六四式铁路军用梁全部共有十三种构件。其中九种构件(构件代号为②、④、⑤、⑥、⑦、⑧、⑨、⑩、⑪)在两种型号的器材中是通用的,其余四种构件中,代号①、③构件用于六四式铁路军用梁,代号㉑、㉓构件用于加强型六四式铁路军用梁,见附录表 6。因此,实际上是两种型号的器材各有十一种构件。构件共分三类:

(1)基本构件

包括标准三角①、端构架②、标准弦杆③、端弦杆④、斜弦杆⑤、撑杆⑥、加强三角㉑、加强弦杆㉓等共八种。可用以拼组成符合国家标准规定的铁路桥梁标准跨度。

由①、②、③、④、⑤、⑥六种构件及其他配件组成的成套器材,称为"六四式铁路军用梁标准套";由㉑、②、㉓、④、⑤、⑥六种构件及其他配件组成的成套器材,称为"加强型六四式铁路军用梁标准套"

(2)辅助端构架构件

包括 1.5 m(代号⑦)、2.5 m(代号⑧)、3.0 m(代号⑨)三种不同长度的端构架。作为六四式铁路军用梁和加强型六四式铁路军用梁的辅助器材,可单独组成"辅助套",配合标准套使用,代替标准套中 2 m 长的端构架②,以调整桥跨长度。

（3）低支点端构架构件

包括 2 m(代号⑩)和 3 m(代号⑪)两种不同长度的低支点端构架,适用于梁部结构支点建筑高度较低的铁路桥梁。

用 2 m 低支点端构架代替"六四式铁路军用梁标准套"中的端构架②而组成的成套器材,称为"六四式铁路军用梁低支点套";用 2 m 低支点端构架代替"加强型六四式铁路军用梁标准套"中的端构架②而组成的成套器材,称为"加强型六四式铁路军用梁低支点套"。

3 m 低支点端构架仅作为六四式铁路军用梁或加强型六四式铁路军用梁低支点套的辅助器材,单独组成"低支点辅助套",配合低支点套使用,代替低支点套中的 2 m 低支点端构架以调整桥跨长度。

2)配件

六四式铁路军用梁和加强型六四式铁路军用梁的配件是通用的,共有十一种。按用途分为四类:

（1）主桁构件联结销钉

包括钢销和撑杆销栓二种。

（2）联结系配件

包括横联套管螺栓、联结系槽钢、二号 U 形螺栓、三号 U 形螺栓四种。

（3）桥面系配件

包括钢枕、一号 U 形螺栓、压轨板、压轨板螺栓四种。

（4）支座

每套支座包括垫枕 2 根、定位角钢 8 只和联结螺栓 25 套。

万能杆件

万能杆件,或称拆装式杆件,是广泛应用于我国铁路与公路桥梁施工的一种常备式辅助结构。万能杆件可以组拼成桥架、墩架、塔架和龙门架等形式的大型设备,还可作为现浇梁的临时支墩、线路抢修用的墩体等,如图 2.17 所示。总之,用万能杆件拼组的空间结构,大致可划分为桁梁和塔架两类。前者多平放,有时斜放;后者常竖向直立。万能杆件拆装容易,运输方便,利用率高,可以大量节省辅助结构所需的木料、劳动力并缩短工期,适用范围广,尤其在大型桥梁工地,万能杆件几乎是一种必不可少的施工辅助设备。

图 2.17　万能杆件

1. 杆件规格

万能杆件的类型有铁道部门生产的甲型(又称 M 型)、乙型(又称 N 型)和西安筑路机械厂生产的乙型(称为西乙型)。

M 型(称为老式)共有零件二十六种,N 型(称为新式)共有零件三十种。这两种杆件在结构和拼装形式上基本相同,仅角钢尺寸、节点板、缀板的大小、螺栓孔直径和钉孔位置稍有差异。目前广泛使用和大量制造的为新式万能杆件。其零件上的螺栓孔有 $\phi28$ mm 及 $\phi23$ mm 两种,螺栓孔的距离有 4 种,弦杆或柱上的螺栓孔距为 100 mm;斜杆上的为 85 mm;横撑或立杆上的为 86 mm;对角支撑上的为 70 mm。用于每种杆件的节点板都有相应的螺栓孔直径和孔距,选用时必须注意。M 型和 N 型两种万能杆件拼装形式有单拼、双拼、三拼和四拼等几种。

西乙型万能杆件与上述两种在结构、拼装形式上基本相同,仅弦杆角铁尺寸、部分缀板的大小和螺栓直径稍有差异。西乙型万能杆件有关技术资料见表 2.10,共有大小构件二十四种。其中杆件及拼接用的角钢零件九种,编号为①、②、③、④、⑤、⑥、⑦、⑦A、⑯;节点板九种,编号为⑧、⑪、⑬、⑰、⑱、㉒、㉒A、㉓、㉘;缀片二种,编号为⑲、⑳;填板一种,编号为⑮;支承件一种,编号为㉑A;普通螺栓二种,编号为㉔、㉕。

N 型万能杆件的③号件为∟$100 \times 75 \times 12 \times 2\ 350$;⑨号件为联结角钢∟$75 \times 75 \times 8 \times 630$ 和⑩号件为横撑角钢∟$75 \times 75 \times 8 \times 5\ 770$;㉕号件螺栓直径为 $\phi28$;无㉘大节点板;各种节点板与支撑靴尺寸稍有不同,其余构件规格尺寸与西乙型万能杆件相同。

M 型万能杆件是早期产品,①、②、⑦号件角钢为∟$120 \times 75 \times 12$,⑥号件为∟$100 \times 100 \times 10 \times 580$;㉕号件螺栓直径为 $\phi27$;其余构件与 N 型万能杆件基本相同。

表 2.10　西乙型万能杆件规格、尺寸与重量

编号	名　称	规　格(mm)	单位重量(kg)	附　注
①	长弦杆	∟$100 \times 100 \times 12 \times 3\ 994$	71.49	
②	短弦杆	∟$100 \times 100 \times 12 \times 194$	35.69	
③	斜杆	∟$100 \times 100 \times 12 \times 2\ 350$	42.07	
④	立杆	∟$75 \times 75 \times 8 \times 1\ 770$	15.98	
⑤	斜撑	∟$75 \times 75 \times 8 \times 2\ 478$	22.38	
⑥	联结角钢	∟$90 \times 90 \times 8 \times 580$	8.20	用于①或②
⑦	支承角钢	∟$100 \times 100 \times 12 \times 494$	8.84	用于①或②
⑦A	支承靴角钢	∟$100 \times 100 \times 12 \times 594$	10.63	用于①或②
⑧	节点板	▭$250 \times 280 \times 10$	9.42	①②与④⑤相连
⑪	节点板	◯$860 \times 552 \times 10, A=33.98$ cm^2	35.88	①②与③④相连
⑬	节点板	◯$580 \times 552 \times 10, A=2\ 492$ cm^2	19.56	①②与④⑯相连
⑮	弦杆填塞板	▭$8 \times 480 \times 10$	3.01	用于①或②
⑯	长立杆	∟$75 \times 75 \times 8 \times 3\ 770$	34.04	
⑰	节点板	◯$626 \times 350 \times 10, A=2\ 005$	15.74	④⑯与④⑤相连
⑱	节点板	◯$305 \times 314 \times 10, A=606$	4.76	④⑯与④⑤水平相连
⑲	缀板	▭$210 \times 180 \times 10$	2.97	用于①或②

编号	名称	规格(mm)	单位重量(kg)	附注
⑳	缀 板	□170×160×10	2.14	用于③④⑤⑯
㉑A	支承靴		24.01	
㉒	节点板	□580×392×10	17.85	①②与④⑤相连
㉒A	节点板	□580×566×10	25.77	①②与④⑤相连
㉓	节点板	◇540×262×10,A＝1 334	10.47	④⑯与④⑤相连
㉔	普通螺栓	φ22×(40,50,60)		
㉕	普通螺栓	φ27×(40,50,60,70,80)		
㉘	大节点板	□860×886×10,A＝7 042 cm²	73.84	①②与③④相连

注:各种构件除⑩⑳用 Q235 钢制外,其余均用 16Mn 钢制作。

2. 杆件组拼

1)M 型与 N 型

用万能杆件拼装桁架时,桁高可为 2 m、4 m、6 m 及以上。当高度为 2 m 时,腹杆为三角形;高度为 4 m 时,腹杆可做成菱形;高度超过 6 m 时,可做成多斜杆的形式。

桁架之间的距离为 0.28 m、2 m、4 m、6 m 及以上。为了适应对桁架承载能力的要求,可用变更组成杆件的零件数目、杆件的自由长度、桁架高度或桁架片数等方法加以调整。

用万能杆件拼制的墩架、柱的距离和桁架之间的距离可完全一样,柱高除柱头及柱脚各为 0.561 m 外,可按 2 m 一节变更。

2)西乙型

用万能杆件组拼成桁架时,其高度可为 2 m、4 m、6 m 及以上。当高度为 2 m 时,腹杆为三角形,当高度和宽度为 4 m 时,腹杆为菱形;高度超过 6 m 时,则可做成多斜杆的形式。

桁架的荷重能力,应根据荷载标准和跨度检算。可采用下列方法变更荷重能力:①变更组成杆件的构件数目;②变更桁架的自由长度;③变更桁架的高度;④变更桁架的数目。

用万能杆件组拼成墩架、塔架时,其柱与柱之距离可以和桁架完全一样按 2.0 m 倍数变化。

1.3　工程检算案例

工程概况

某特大桥从 122 号到 126 号墩柱间跨径布置为(36＋55.65＋53.5＋29.6)m 的四跨连续钢箱梁结构,左右幅桥面各宽 20.4 m,分幅分离 0.2 m,双向 2.0%横坡。单幅截面为单箱七室,单箱宽 2.2 m,箱梁中心高度 2.5 m,两侧悬臂长 2.5 m,如图 2.18 所示。

钢箱梁顶板、底板厚均为 16 mm,中腹板为 12 mm,边腹板为 16 mm;顶板采用厚 8 mm 的 U 形加劲肋,腹板采用 14 mm 厚的平板加劲肋,底板采用 T 形纵加劲肋。箱内纵向每隔 3.0 m 设一道普通横隔板,两侧悬臂部分采用 U 形加劲肋。

钢箱梁每节段于厂内下料、打坡口、表面预处理、板单元组焊加工制造出厂,板单元在现场组装工地焊接成节段箱梁。采用临时支架进行节段箱梁吊装安装,桥上节段箱梁组装焊接。

架设方案

四孔梁跨吊装施工前先在各跨桥墩中间设置临时钢管支墩,其顶部安放"321 型"军用贝

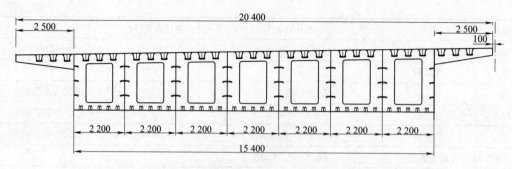

图 2.18　钢箱梁截面图(半幅)(单位:mm)

雷架作为节段箱梁在桥面纵向移动的支承平台。

　　第 123 号至 126 号墩桥跨越渭河大堤,桥高近 30 m,因而采用提梁机完成节段箱梁垂直方向的提升,80 t 拆装式提梁机布置于 125 号与 126 号墩之间,提梁机主梁沿桥向横向布置,总长约 60 m,覆盖范围跨越左右两幅,并能保证在左幅外还能完成一个节段箱梁的提升。提梁机主梁一侧采用临时支墩支承,另一侧直接采用 126 号墩盖梁支承,满足单幅架梁要求。主梁上布设起重小车走行轨道。

　　吊梁后,起重小车沿主梁轨道前行到位后将节段梁安放于贝雷架上的拖拉小车(运梁台车)上,各节段箱梁组拼时拖拉小车沿纵桥向拖拉到位后,采用落梁千斤顶、横向位置调节装置等人工微调对位。节段箱梁安装顺序由 122 号墩至 126 号墩顺序安装,先安装右幅,再安装左幅。临时支墩布置如图 2.19 所示。

　　材料参数

　　1. 贝雷架截面参数

　　1)贝雷架为 3 排时(图 2.8):

截面惯性矩　　　　$I=12\times(1\ 274\times700^2+1\ 983\ 000)=7\ 514\ 916\ 000(\text{mm}^4)$

截面模量　　　　$W=I/y_{max}=7\ 514\ 916\ 000/700=10\ 735\ 594.29(\text{mm}^3)$

横截面积　　　　　　$A=1\ 274\times4\times3=15\ 288(\text{mm}^2)$

　　2)贝雷架为 4 排时:

截面惯性矩　　　　$I=16\times(1\ 274\times700^2+1\ 983\ 000)=10\ 019\ 888\ 000(\text{mm}^4)$

截面模量　　　　$W=I/y_{max}=10\ 019\ 888\ 000/700=14\ 314\ 125.71(\text{mm}^3)$

横截面积　　　　　　$A=1\ 274\times4\times4=20\ 384(\text{mm}^2)$

　　2. 贝雷架之下的钢管支墩参数

　　4 根钢管为一组的钢管支墩高度为 30 791.5 mm。

　　$\phi813\times8$ mm 钢管面积 $A=\dfrac{\pi}{4}\times(813^2-797^2)=20\ 221.6(\text{mm}^2)$。

　　截面惯性矩 $I=\dfrac{3.14}{64}\times(813^4-797^4)=1\ 638\ 174\ 565(\text{mm}^4)$,$[\sigma]=160$ MPa。

　　贝雷架梁跨检算

　　1. 荷载参数

　　(1)安装节段梁重 $Q=80$ t;

　　(2)安装节段梁长 $L=7\ 150$ mm;

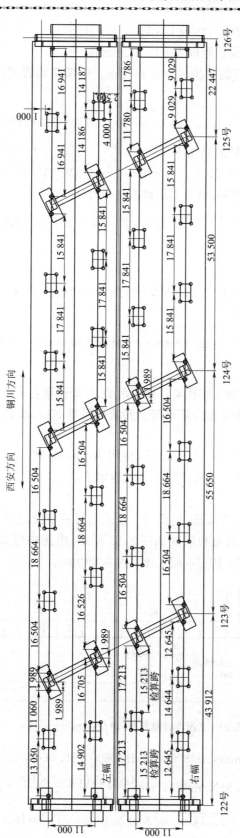

图 2.19　左、右幅桥墩布置图

(3)4 辆运梁台车总重 $P_1＝1\ 280×4＝5\ 120\ \text{kg}$;

(4)运梁台车走行梁立柱间最大跨距取 $B＝15\ 213\ \text{mm}$;

(5)梁段安放于施工桥上时,对施工桥的均布载荷 q_1。由偏载系数 $K_1＝1.2$ 及动载系数 $K_2＝1.1$,得到:

$$q_1＝\frac{1}{4}K_1K_2Q/L＝\frac{1}{4}×1.2×1.1×800\ 000/7\ 150＝36.92(\text{N/mm})$$

(6)运梁台车走行轮对走行钢轨的轮压 P:

$$P＝K_1K_2(Q+P_1)/n＝1.2×1.1×(800\ 000＋51\ 200)/16＝70\ 224(\text{N})$$

(7)4 个千斤顶同时将梁段顶起时,单个千斤顶的支撑力:

$$P_2＝\frac{1}{4}K_1K_2Q＝\frac{1}{4}×1.2×1.1×800\ 000－264\ 000(\text{N})$$

(8)桁架梁及钢轨自重 q_2:

3 排单层时:

$$q_2＝(2\ 760×3＋446.53×3＋132.5×4＋91.8×8)/3\ 000＝3.63(\text{N/mm})$$

4 排单层时:

$$q_2＝(2\ 760×4＋446.53×3＋132.5×4×\frac{4}{3}＋91.8×8)/3\ 000＝4.61(\text{N/mm})$$

2. 梁跨检算

在 122 号与 123 号墩之间,右幅左侧桥架立柱间距最大,即运梁台车走行梁立柱间最大跨距 $B＝15\ 213\ \text{mm}$(图 2.19),选该跨为检算梁跨。安装梁段重 80 t、长 7.15 m,运梁台车重 1.28 t。

贝雷架(不加强)为四排单层时,在三种工况下,使用 Ansys 或 Midas Civil 计算出最大弯矩、最大剪力和最大挠度,并进行强度与刚度检算的过程如下:

1)工况 1

该工况为当第一跨左侧放置一节梁段,运梁台车运载着另一节梁段处于第一跨中间的情况,如图 2.20 所示,得到的弯矩、剪力和挠度如图 2.21 所示,由图中可知最大弯矩为 $9.5×10^8\ \text{N·mm}$,最大剪力为 $2.881\ 32×10^5\ \text{N}$,最大挠度为 8.09 mm。

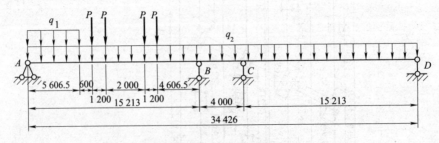

图 2.20　工况 1 计算简图(单位:mm)

$$f_{max}＝8.09\ \text{mm}<B/800＝15\ 213/800＝19.0(\text{mm})$$

$$\sigma＝\frac{M_B}{W}＝\frac{9.5×10^8}{14\ 314\ 125.71}＝68.5(\text{N/mm}^2),\quad \tau＝\frac{Q_B}{A}＝\frac{2.881\ 32×10^5}{20\ 384}＝14.1(\text{N/mm}^2)$$

$$\sigma＝\sqrt{\sigma^2+3\tau^2}＝\sqrt{68.5^2+3×14.1^2}＝72.9(\text{N/mm}^2)<[\sigma]＝160(\text{N/mm}^2)$$

$$\tau_{max} = \frac{Q_B}{A} = \frac{2.88132 \times 10^5}{20\,384} = 14.1(\text{N/mm}^2) < [\tau] = 96\ \text{N/mm}^2$$

因此,工况 1 检算通过。

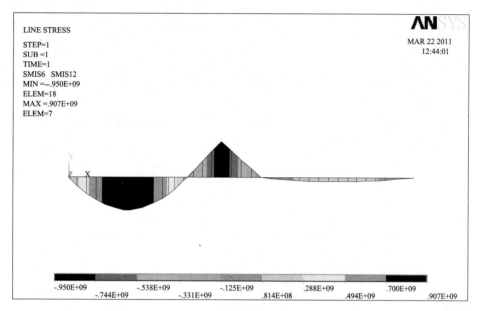

（a）弯矩图

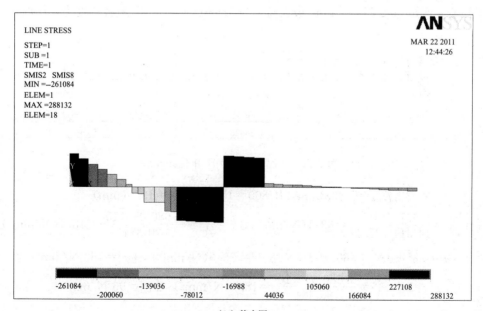

（b）剪力图

图　2.21

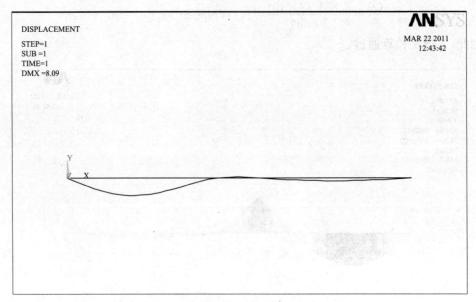

（c）挠度图

图 2.21　工况 1 检算

2）工况 2

第一跨上全放置安装梁段，如图 2.22 所示，得到的弯矩、剪力和挠度如图 2.23 所示。从图中可知最大弯矩为 9.75 N·mm，最大剪力为 3.680 04×10⁵ N，最大挠度为 7.493 mm。

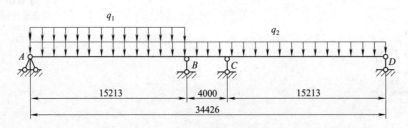

图 2.22　工况 2 计算简图（单位：mm）

$$f_{max}=7.493 \text{ mm}<B/800=15\ 213/800=19.0(\text{mm})$$

$$\sigma=\frac{M_B}{W}=\frac{9.75\times10^8}{14\ 314\ 125.17}=68.1(\text{N/mm}^2),\quad \tau=\frac{Q_B}{A}=\frac{3.680\ 04\times10^5}{20\ 384}=18.1(\text{N/mm}^2)$$

$$\sigma=\sqrt{\sigma^2+3\tau^2}=\sqrt{68.1^2+3\times18.1^2}=75.0(\text{N/mm}^2)<[\sigma]=160 \text{ N/mm}^2$$

$$\tau_{max}=\frac{Q_B}{A}=\frac{3.680\ 04\times10^5}{20\ 384}=18.1(\text{N/mm}^2)<[\tau]=96 \text{ N/mm}^2$$

因此，工况 2 检算通过。

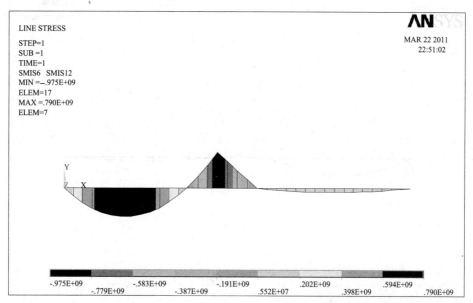

（a）弯矩图

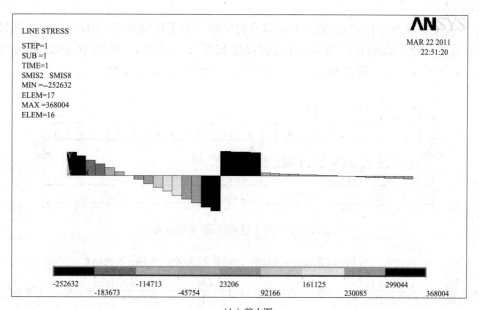

（b）剪力图

图　2.23

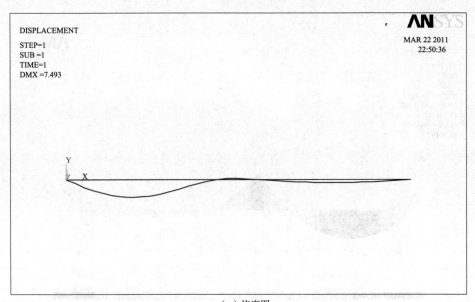

（c）挠度图

图 2.23　工况 2 检算

3)工况 3

一节段梁安放在走行梁上,另一节梁段在跨中用 4 个千斤顶顶起,千斤顶支承在四排贝雷架上,如图 2.24 所示,得到的弯矩、剪力和挠度如图 2.25 所示。从图中可知,最大弯矩为 1.38×10^9 N·mm,最大剪力为 $4.115\,04 \times 10^5$ N,最大挠度为 11.702 mm。

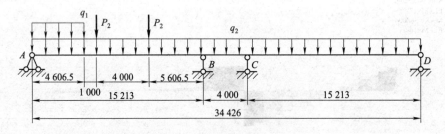

图 2.24　工况 3 计算简图(单位:mm)

$$f_{max} = 11.702 \text{ mm} < B/800 = 15\,213/800 = 19.0 (\text{mm})$$

$$\sigma = \frac{M_B}{W} = \frac{1.38 \times 10^9}{14\,314\,125.71} = 96.4 (\text{N/mm}^2) , \quad \tau = \frac{Q_B}{A} = \frac{4.115\,04 \times 10^5}{20\,384} = 20.2 (\text{N/mm}^2)$$

$$\sigma = \sqrt{\sigma^2 + 3\tau^2} = \sqrt{96.4^2 + 3 \times 20.2^2} = 102.6 (\text{N/mm}^2) < [\sigma] = 160 \text{ N/mm}^2$$

$$\tau_{max} = \frac{Q_B}{A} = \frac{4.115\,04 \times 10^5}{20\,384} = 20.2 (\text{N/mm}^2) < [\tau] = 96 \text{ N/mm}^2$$

因此,工况 3 检算通过。

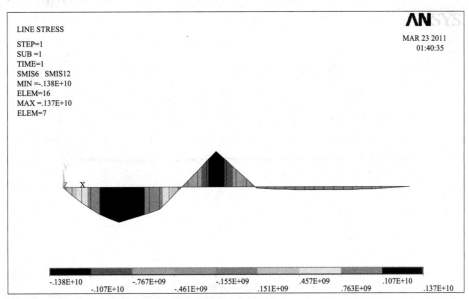

（a）弯矩图

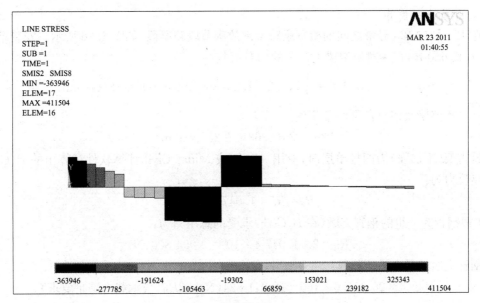

（b）剪力图

图 2.25

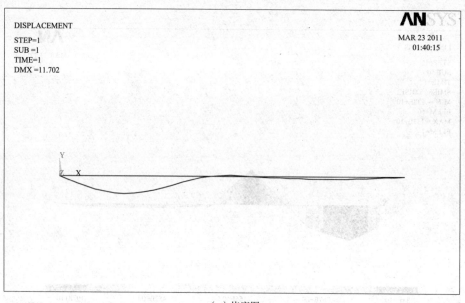

（c）挠度图

图 2.25　工况 3 检算

钢管支墩检算

在 122 号与 123 号墩之间的检算梁跨全部放满节段箱梁段，如图 2.26 所示。安装箱梁段重 80 t、长 6.0 m，在一对桁架梁上产生的均布荷载：

$$q_1 = \frac{1}{2} K_1 K_2 Q/L = \frac{1}{2} \times 1.2 \times 1.1 \times 800\ 000/6\ 000 = 88(\text{N/mm})$$

一对桁架梁及钢轨自重均布荷载：

$$2q_2 = 2 \times 3.63 = 7.26(\text{N/mm})$$

贝雷架（不加强）为四排单层时，使用 Ansys 或 Midas Civil 计算软件计算出的 B、C 处最大支座反力为：

$$R_B = R_C = 1.047\ 4 \times 10^6 \text{N}$$

4 根钢管为一组的钢管支墩（在 B、C 处）承受的总压力为：

$$2R_B = 2 \times 1.047\ 4 \times 10^6 = 2\ 094\ 800(\text{N})$$

钢管支墩的最大承压荷载：

$$[P] = 4 \times 20\ 221.6 \times 160 = 12\ 941\ 824(\text{N}) > 2R_B \quad (承载力满足要求)$$

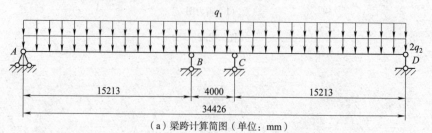

（a）梁跨计算简图（单位：mm）

图　2.26

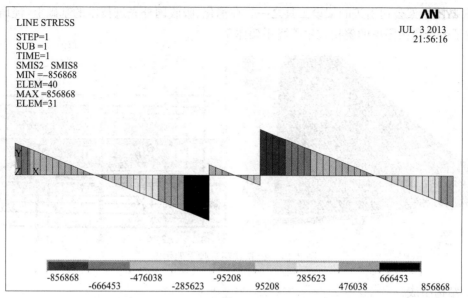

（b）梁跨剪力图

图 2.26　钢管支墩检算

4 根钢管的截面惯性矩：

$$I_{min}=4\times1\ 638\ 174\ 565+4\times20\ 221.6\times1\ 250^2=1.\ 329\ 376\ 983\times10^{11}(mm^4)$$

$$i=\sqrt{\frac{I_{min}}{A_s}}=\sqrt{\frac{1.\ 329\ 376\ 983\times10^{11}}{4\times20\ 221.6}}=1\ 282(mm)$$

偏于安全考虑，视钢管两端铰支，取 $\mu=1$，故：

$$\lambda=\frac{\mu\cdot l}{i}=\frac{1\times30\ 791.5}{1\ 282}=24，查附录表 4b 得：\varphi=0.957$$

$$\frac{N}{A}=\frac{2R_B}{4A}=\frac{2\ 094\ 800}{4\times20\ 221.6}=25.\ 90(MPa)<\varphi\cdot[\sigma]=0.957\times160=153.12(MPa)$$

可见稳定性满足要求。

任务 2　碗扣式支架检算

2.1　工作任务

学生通过本任务的学习，能够进行以下内容的检算：

（1）碗扣式满堂支架立杆的强度、刚度及稳定性检算；

（2）碗扣式满堂支架纵桥向分配梁的强度、刚度检算；

（3）碗扣式满堂支架横桥向分配梁的强度、刚度检算；

（4）碗扣式满堂支架门洞工字钢的强度、刚度检算。

2.2　相关配套知识

　　　碗扣式钢管脚手架

　　碗扣式钢管脚手架，即碗扣式支架，如图 2.27 所示，是 1986 年由原铁道部专业设计院从英国 SGB 脚手架公司引进的架设工具之一。在消化、吸收国外先进技术的基础上,经研制、创新开发了适合我国国情的碗扣式钢管脚手架体系。

图 2.27　碗扣式钢管脚手架示意

1. 结构组成

碗扣式钢管脚手架构件由碗扣节点、立杆、顶杆、横杆、斜杆、支座等组成,其中碗扣节点是核心部件,它由上碗扣、下碗扣、横杆接头和上碗扣限位销等组成的盖固式承插节点,如图 2.28 所示。

脚手架立杆碗扣节点按 0.6 m 模数设置,下碗扣和上碗扣限位销直接焊在立杆上。当上碗扣的缺口对准限位销时,上碗扣可沿杆向上滑动。连接横杆时,将横杆接头插入下碗扣的圆槽内,将上碗扣沿限位销滑下扣住横杆接头,并顺时针旋转扣紧,用铁锤敲击几下即能牢固锁紧,从而形成牢固的框架结构。

U 形托支撑和底托支撑广泛用于现浇混凝土梁的模板支撑,强度高、承载力大,可方便调整模板平面。

《建筑施工碗扣式脚手架安全技术规范》(JGJ 166—2008)中的有关术语解释如下:

(1)碗扣式钢管脚手架:采用碗扣方式连接的钢管脚手架和模板支撑架。

(2)双排脚手架:由内外两排立杆及大小横杆、斜杆等构配件组成的脚手架。

(a) 脚手架局部示意图

(b) 碗扣节点外貌

图　2.28

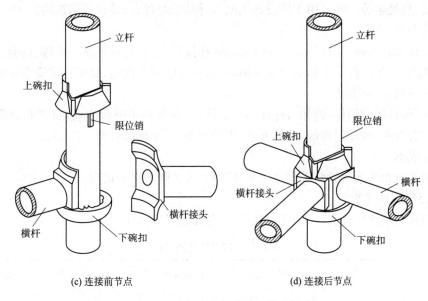

(c) 连接前节点　　　　　　　　　　(d) 连接后节点

图 2.28　碗扣式支架及碗扣节点示意

（3）模板支撑架：由多排立杆及横杆、斜杆等构配件组成的支撑架。

（4）碗扣节点：脚手架碗扣连接的部位。

（5）顶杆：使用内插套时，顶端不设连接套管的立杆。

（6）斜杆：两端带有旋转式接头的斜向杆件。

（7）立杆：碗扣脚手架的竖向支撑杆。

（8）上碗扣：沿立杆滑动起锁紧作用的碗扣节点零件。

（9）下碗扣：焊接于立杆上的碗形节点零件。

（10）立杆连接销：立杆竖向接长连接专用销子。

（11）限位销：焊接在立杆上能锁紧上碗扣的定位销。

（12）可调托撑：插放在立杆上端，承接上部荷载，并可调节高度的组件。

（13）可调底座：插放于立杆下端，将上部荷载分散传递给基础，并可调节高度的部件。

（14）支座：是固定底座、可调底座和固定托撑、可调托撑的统称。

（15）横杆：碗扣式脚手架的水平杆件。

（16）横杆接头：焊接于横杆两端的连接件。

（17）专用外斜杆：两端带有旋转式接头的斜向杆件。

（18）专用内斜杆（廊道斜杆）：带有旋转横杆接头，提高框架平面稳定性的斜向拉压杆。

（19）水平斜杆：钢管两端焊有插头的水平连接斜杆。

（20）间横杆：钢管两端焊有插卡装置的横杆。

（21）挑梁：脚手架作业平台的挑出构件，分宽挑梁和窄挑梁。

（22）廊道：双排脚手架内外立杆间人员上下行走和运输施工材料的通道。

碗扣式钢管脚手架的特点如下：

1）功能多

能根据施工要求组成各种组架尺寸、形状和单、双排脚手架，支撑架、支撑柱、物料提升架、爬升脚手架、悬挑架等。亦可用于搭设施工棚、料棚、临时舞台、看台等构筑物。

2）承载力大

立杆接长轴心承插，横杆与立杆靠带齿的碗扣接口连接，具有可靠的抗弯、抗剪、抗扭力学性能和自锁能力，各杆件轴心相交于立杆轴心，节点在框架平面内，结构稳定安全可靠。

3）构件系列化、标准化

具有 50 余种配套构件，碗扣与杆件为一整体，完全避免了螺栓作业，拼装和拆除速度快，工人操作省力方便，劳动强度低，运输方便，维护简单，便于现场管理。

4）降低成本

可利用现有扣件式钢管脚手架进行装备改造，大大降低更新成本。

2. 主要构配件参数

钢管的截面特性应按表 2.11 规定采用，其他参数见表 2.12。

表 2.11　钢管的截面特性

外径 ϕ （mm）	壁厚 t （mm）	截面积 A （cm²）	截面惯性矩 I （cm⁴）	截面模量 W （cm³）	回转半径 i （cm）
48	3.5	4.89	12.19	5.08	1.58

表 2.12　碗扣式钢管脚手架主要构配件种类、规格及质量

名　称	型　号	规格（mm）	理论质量（kg）
立　杆	LG-120	$\phi48\times1\,200$	7.05
	LG-180	$\phi48\times1\,800$	10.19
	LG-240	$\phi48\times2\,400$	13.34
	LG-300	$\phi48\times3\,000$	16.48
横　杆	HG-30	$\phi48\times300$	1.32
	HG-60	$\phi48\times600$	2.47
	HG-90	$\phi48\times900$	3.63
	HG-120	$\phi48\times1\,200$	4.78
	HG-150	$\phi48\times1\,500$	5.93
	HG-180	$\phi48\times1\,800$	7.08
间横杆	JHG-90	$\phi48\times900$	4.37
	JHG-120	$\phi48\times1\,200$	5.52
	JHG-120＋30	$\phi48\times(1\,200＋300)$用于窄挑梁	6.85
	JHG-120＋60	$\phi48\times(1\,200＋600)$用于宽挑梁	8.16
专用外斜杆	XG-0912	$\phi48\times1\,500$	6.33
	XG-1212	$\phi48\times1\,700$	7.03
	XG-1218	$\phi48\times2\,160$	8.66
	XG-1518	$\phi48\times2\,340$	9.30
	XG-1818	$\phi48\times2\,550$	10.04

续上表

名　称	型　号	规格(mm)	理论质量(kg)
专用斜杆	ZXG-0912	φ48×1 270	5.89
	ZXG-0918	φ48×1 750	7.73
	ZXG-1212	φ48×1 500	6.76
	ZXG-1218	φ48×1 920	8.37
窄挑梁	TL-30	宽度300	1.53
宽挑梁	TL-60	宽度600	8.60
立杆连接销	LLX	φ10	0.18
可调底座	KTZ-45	可调范围≤300	5.82
	KTZ-60	可调范围≤450	7.12
	KTZ-75	可调范围≤600	8.50
可调托座	KTC-45	可调范围≤300	7.01
	KTC-60	可调范围≤450	8.31
	KTC-75	可调范围≤600	9.69
脚手板	JB-120	1 200×270	12.80
	JB-150	1 500×270	15.00
	JB-180	1 800×270	17.90

3. 结构荷载与计算

1)荷载分类

(1)作用于碗扣式钢管脚手架上的荷载,可分为永久荷载(恒荷载)和可变荷载(活荷载)两类。永久荷载的分项系数应取 1.2,对结构有利时应取 1.0;可变荷载的分项系数应取 1.4。

(2)模板支撑架的永久荷载应包括下列内容:

①作用在模板支撑架上的结构荷载包括:新浇筑混凝土、钢筋、模板、支承梁(楞)等自重。

②组成模板支撑架结构的杆系自重,包括立杆、纵向及横向水平杆、垂直及水平斜撑等自重。

③脚手板、栏杆、挡脚板、安全网等防护设施及附加构件的自重。

(3)模板支撑架的可变荷载应该包括下列内容:

①施工人员、材料及施工设备荷载;

②浇筑和振捣混凝土时产生的荷载;

③风荷载;

④其他荷载。

2)荷载标准值

(1)模板支撑架永久荷载标准值应符合下列规定:

①模板及支撑架自重标准值(Q_1)应根据模板及支撑架施工设计方案确定。10 m 以下的支撑架可不计算架体自重;对一般肋形楼板及无梁楼板模板的自重标准值,可按表 2.13 采用。

表 2.13   水平模板自重标准值(kN/m^2)

模板的构件名称	竹、木胶合板及木模板	定型钢模板
平面模板及小楞	0.30	0.50
楼板模板(其中包括梁模板)	0.50	0.75

注:其他类型模板按实际重量采用。

②新浇筑混凝土自重(包括钢筋)标准值(Q_2)对普通钢筋混凝土可采用 25 kN/m^2,对特殊混凝土应根据实际情况确定。

(2)模板支撑架施工荷载标准值应符合下列规定:

①施工人员及设备荷载标准值 Q_3 按均布活荷载取 1.0 kN/m^2。

②浇筑和振捣混凝土时产生的荷载标准值 Q_4 可采取 1.0 kN/m^2。

3)荷载效应组合

(1)设计双排脚手架及模板支撑架时,其杆件和连墙件的承载力等应按表表 2.14 的荷载效应组合要求进行计算。

表 2.14   荷载效应组合

序号	计算项目	荷载组合
1	立杆稳定计算	(1)永久荷载+可变荷载(不包括风荷载)
		(2)永久荷载+0.9(可变荷载+风荷载)
2	连墙件承载力计算	风荷载+3.0 kN
3	斜杆强度和连接扣件(抗滑)强度计算	风荷载

(2)计算变形(挠度)时的荷载设计值时,各类荷载分项系数应取 1.0。

4)结构计算

《建筑施工碗扣式脚手架安全技术规范》(JGJ 166—2008)采用概率理论为基础的极限状态设计法,以分项系数的设计表达式进行设计。

受压杆件长细比不得大于 230,受拉杆件长细比不得大于 350。

当杆件变形有控制要求时,应验算其变形,受弯杆件的允许变形(挠度)值不应超过表 2.15 的规定。

钢材的强度设计值与弹性模量应按表 2.16 规定采用。

表 2.15   受弯杆件的允许变形(挠度)值

构件类别	允许变形(挠度)值(v)
脚手板、纵向、横向水平杆	$l/150$,≤10 mm
悬挑受弯曲杆件	$l/400$

注:l 为受弯杆件的跨度,对悬挑杆件为其悬伸长度的 2 倍。

表 2.16   钢材的强度设计值和弹性模量(N/mm^2)

Q235A 级钢材抗拉、抗压和抗弯曲强度设计值 f	205
弹性模量 E	$2.06×10^5$

5)模板支撑架计算

(1)单肢立杆轴向力和承载力应按下列公式计算:

① 不组合风载时单肢立杆轴向力:

$$N=1.2(Q_1+Q_2)+1.4(Q_1+Q_2)L_xL_y \tag{2.1}$$

式中 L_x——单肢立杆纵向间距(m);

L_y——单肢立杆横向间距(m)。

② 组合风荷载时单肢立杆轴向力:

$$N=1.2(Q_1+Q_2)+0.9\times1.4[(Q_1+Q_2)L_xL_y+Q_5] \tag{2.2}$$

式中 Q_5——风荷载产生的轴向力(kN)。

单肢立杆承载力为:

$$N\leqslant\varphi\cdot A\cdot f$$

式中 φ——轴心受压杆件稳定系数,可按长细比查附录表5采用;

A——立杆钢管横截面面积(mm^2);

f——钢材的抗拉、抗压、抗弯强度设计值。

扣件式钢管脚手架

脚手架是指施工现场为工人操作并解决垂直和水平运输而搭设的各种支架。建筑术语是指建筑工地上用在外墙、内部装修或层高较高无法直接施工的地方。

脚手架按用途划分为操作脚手架(结构及装饰)、防护用脚手架及承重、支撑用脚手架;按脚手架的材质及规格划分为木、竹脚手架、钢管脚手架(扣件式和碗扣式)、门式组合脚手架;按脚手架的支固方式划分为落地式脚手架、悬挑脚手架、附墙悬挂脚手架、悬吊脚手架、附着升降脚手架。

《建筑施工扣件式钢管脚手架安全技术规范》(JGJ 130—2011)(以下简称《扣件脚手架规范》)中的有关术语解释见图2.29。

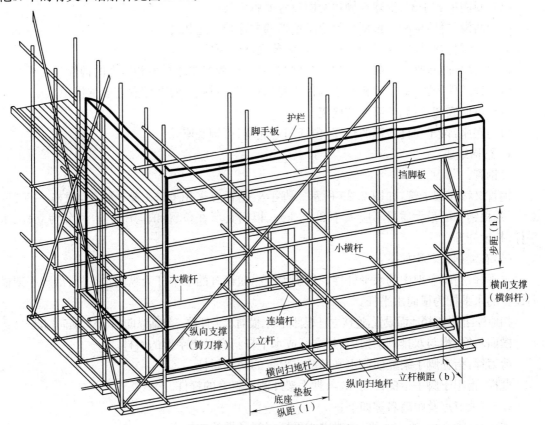

图2.29 扣件式钢管脚手架示意

(1)扣件式钢管脚手架:为建筑施工而搭设的、承受荷载的由扣件和钢管等构成的脚手架与支撑架,包含本规范各类脚手架与支撑架,统称脚手架。

(2)脚手架高度:自立杆底座下皮至架顶栏杆上皮之间的垂直距离。

(3)脚手架长度:脚手架纵向两端立杆外皮间的水平距离。

(4)脚手架宽度:脚手架横向两端立杆外皮之间的水平距离,单排脚手架为外立杆外皮至墙面的距离。

(5)支撑架:为钢结构安装或浇筑混凝土构件等搭设的承力支架。

(6)满堂扣件式钢管脚手架:在纵、横方向,由不少于三排立杆并与水平杆、水平剪刀撑、竖向剪刀撑、扣件等构成的脚手架。该架体顶部作业层施工荷载通过水平杆传递给立杆,顶部立杆呈偏心受压状态,简称满堂脚手架。

(7)满堂扣件式钢管支撑架:在纵、横方向,由不少于三排立杆并与水平杆、水平剪刀撑、竖向剪刀撑、扣件等构成的承力支架。该架体顶部的钢结构安装等(同类工程)施工荷载通过可调托撑轴心传力给立杆,顶部立杆呈轴心受压状态,简称满堂支撑架。

(8)单排扣件式钢管脚手架:只有一排立杆,横向水平杆的一端搁置固定在墙体上的脚手架,简称单排架。

(9)双排扣件式钢管脚手架:由内外两排立杆和水平杆等构成的脚手架,简称双排架。

(10)开口形脚手架:沿建筑周边非交圈设置的脚手架为开口形脚手架;其中呈直线形的脚手架为一字形脚手架。

(11)封圈形脚手架:沿建筑周边交圈设置的脚手架。

(12)防滑扣件:构配件根据抗滑要求增设的非连接用途扣件。

(13)可调托撑:插入立杆钢管顶部,可调节高度的顶撑。

(14)连墙件:将脚手架架体与建筑主体结构连接,能够传递拉力和压力的构件。

(15)连墙件间距:脚手架相邻连墙件之间的距离,包括连墙件竖距、连墙件横距。

(16)可调底座:可调节高度的底座。

(17)底座:设于立杆底部的垫座;包括固定底座、可调底座。

1. 结构组成

1)钢管

钢管又称作架子管,如图 2.29 所示。脚手架钢管应采用 Q235 普通钢管,规格 $\phi48.3\times3.6$。每根钢管的最大质量不应大于 25.8 kg。根据其所在位置和作用不同,可分为立杆、水平杆、扫地杆等。

(1)有关钢管名称如下:

水平杆:指脚手架中的水平杆件。沿脚手架纵向设置的水平杆为纵向水平杆;沿脚手架横向设置的水平杆为横向水平杆。

扫地杆:指贴近楼地面设置,连接立杆根部的纵、横向水平杆件。包括纵向扫地杆、横向扫地杆。

横向斜撑:指与双排脚手架内、外立杆或水平杆斜交呈之字形的斜杆。

剪刀撑:指在脚手架竖向或水平向成对设置的交叉斜杆。

抛撑:指用于脚手架侧面支撑,与脚手架外侧面斜交的杆件。

(2)有关节点及距离名称如下:

主节点:指立杆、纵向水平杆、横向水平杆三杆紧靠的扣接点。

步距:指上下水平杆轴线间的距离。

立杆纵(跨)距:指脚手架纵向相邻立杆之间的轴线距离。

立杆横距:指脚手架横向相邻立杆之间的轴线距离。单排脚手架为外立杆轴线至墙面的距离。

2)扣件

采用螺栓紧固的扣接连接件称为扣件。扣件应采用可锻铸铁或铸钢制作,在螺栓拧紧扭力矩达到 65 N·m 时,不得发生破坏。扣件的基本形式有三种,即:用于垂直交叉杆件间连接的直角扣件;用于平行或斜交杆件间连接的旋转扣件以及用于杆件对接连接的对接扣件,如图2.30 所示。

（a）直角扣件　　　　　　　（b）旋转扣件　　　　　　　（c）对接扣件

图 2.30　三种扣件

3)脚手板

脚手板可采用钢、木、竹材料制作,单块脚手板的质量不宜大于 30 kg。图 2.31 所示依次为冲压钢脚手板、木脚手板、竹脚手板。

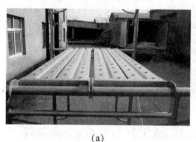
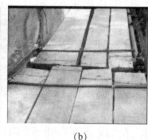

（a）　　　　　　　　　　（b）　　　　　　　　　　（c）

图 2.31　三种扣件式钢管脚手架脚手板

4)可调托撑与底坐

可调托撑是指插入立杆钢管顶部,可调节高度的顶撑。可调托撑螺杆外径不得小于36 mm,可调托撑抗压承载力设计值不应小于 40 kN,支托板厚不应小于 5 mm。

底座是指设于立杆底部的垫座,包括固定底座、可调底座,如图 2.32 所示。

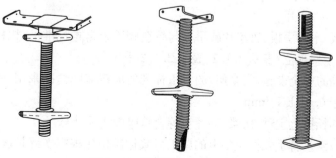

图 2.32　可调托撑与可调底座

2. 主要构配件参数

主要构配件参数见表 2.17。

表 2.17　钢管截面几何特性

外径	壁厚	截面积	惯性矩 I	截面模量 W	回转半径 i	每米长质量
(mm)		(cm²)	(cm⁴)	(cm³)	(cm)	(kg/m)
48.3	3.6	5.06	12.71	5.26	1.59	3.97

钢材的强度设计值与弹性模量应按表 2.18 规定采用。

表 2.18　钢材的强度设计值和弹性模量(N/mm²)

Q235 钢材抗拉、抗压和抗弯曲强度设计值 f	205
弹性模量 E	2.06×10^5

3. 结构荷载与计算

1)荷载分类

(1)作用于脚手架的荷载可分为永久荷载(恒荷载)与可变荷载(活荷载)。

(2)脚手架永久荷载应包含下列内容:

① 单排架、双排架与满堂脚手架:架体结构自重(包括立杆、纵向水平杆、横向水平杆、剪刀撑、扣件等的自重);构、配件自重(包括脚手板、栏杆、挡脚板、安全网等防护设施的自重)。

② 满堂支撑架:架体结构自重(包括立杆、纵向水平杆、横向水平杆、剪刀撑、可调托撑、扣件等的自重);构、配件及可调托撑上主梁、次梁、支撑板等自重。

(3)脚手架可变荷载应包含下列内容:

① 单排架、双排架与满堂脚手架:施工荷载(包括作业层上的人员、器具和材料等自重);风荷载。

② 满堂支撑架:作业层上的人员、设备等自重;结构构件、施工材料等自重;风荷载。

(4) 用于混凝土结构施工的支撑架上的永久荷载与可变荷载,应符合现行行业标准《建筑施工模板安全技术规范》(JGJ162)的规定。

2)荷载标准值

(1)永久荷载标准值的取值应符合下列规定:

单、双排脚手架立杆承受的每米结构自重标准值、满堂脚手架立杆承受的每米结构自重标准值、满堂支撑架立杆承受的每米结构自重标准值,分别按《扣件脚手架规范》附录 A 表 A.0.1、A.0.2、A.0.3 采用。

冲压钢脚手板、木脚手板、竹串片脚手板与竹芭脚手板自重标准值、栏杆与挡脚板自重标准值宜按《扣件脚手架规范》表 4.2.1.1、表 4.2.1.2 采用。

脚手架上吊挂的安全设施(安全网)的自重标准值应按实际情况采用,密目式安全立网自重标准值不应低于 0.01 kN /mm²。

支撑架上可调托撑上主梁、次梁、支撑板等自重应按实际计算。

(2)单、双排与满堂脚手架作业层上的施工荷载标准值应根据实际情况确定,且不应低于表 2.19 的规定。

表 2.19　施工均布荷载标准值

类　　别	标准值(kN/m²)
装修脚手架	2.0
混凝土、砌筑结构脚手架	3.0
轻型钢结构及空间网格结构脚手架	2.0
普通钢结构脚手架	3.0

(3)满堂支撑架上荷载标准值取值应符合下列规定:

①永久荷载与可变荷载(不含风荷载)标准值总和不大于 4.2 kN/m² 时,施工均布荷载标准值应按表 2.19 采用;

②永久荷载与可变荷载(不含风荷载)标准值总和大于 4.2 kN/m² 时,应符合下列要求:

★ 作业层上的人员及设备荷载标准值取 1.0 kN/m²;大型设备、结构构件等可变荷载按实际计算;

★ 用于混凝土结构施工时,作业层上荷载标准值的取值应符合现行行业标准《建筑施工模板安全技术规范》JGJ 162 的规定。

(4)作用于脚手架上的水平风荷载标准值,应按下式计算:

$$w_k = \mu_z \mu_s w_0 \tag{2.3}$$

式中　w_k——风荷载标准值(kN/m²);

　　　μ_z——风压高度变化系数,应按现行国家标准《建筑结构荷载规范》(GB50009)规定采用;

　　　μ_s——脚手架风荷载体型系数,应按《扣件脚手架规范》表 4.2.6 的规定采用;

　　　w_0——基本风压值(kN/m²),应按国家标准《建筑结构荷载规范》(GB50009)的规定采用,取重现期 $n=10$ 对应的风压。

(5)密目式安全立网全封闭脚手架挡风系数 ϕ 不宜小于 0.8。

3)荷载效应组合

(1)设计脚手架的承重构件时,应根据使用过程中可能出现的荷载取其最不利组合进行计算,荷载效应组合宜按表 2.20 采用。

表 2.20　荷载效应组合

计算项目	荷载效应组合
纵向、横向水平杆强度与变形	永久荷载+施工荷载
脚手架立杆地基承载力型钢悬挑梁的 强度、稳定与变形	永久荷载+施工荷载
	永久荷载+0.9(施工荷载+风荷载)
立杆稳定	永久荷载+可变荷载(不含风荷载)
	永久荷载+0.9(可变荷载+风荷载)
连墙件承载力与稳定	单排架,风荷载+2.0 kN 双排架,风荷载+3.0 kN

(2)满堂支撑架用于混凝土结构施工时,荷载组合与荷载设计值应符合现行行业标准《建筑施工模板安全技术规范》JGJ 162 的规定。

4)结构计算基本规定

(1)脚手架的承载能力应按概率极限状态设计法的要求,采用分项系数表达式进行设计。可只进行下列设计计算:

①纵向、横向水平杆等受弯构件的强度和连接扣件的抗滑承载力计算;

②立杆的稳定性计算;

③连墙件的强度、稳定性和连接强度的计算;

④立杆地基承载力计算。

(2)计算构件的强度、稳定性与连接强度时,应采用荷载效应基本组合的设计值。永久荷载分项系数应取1.2,可变荷载分项系数应取1.4。

(3)脚手架中的受弯构件,尚应根据正常使用极限状态的要求验算变形。验算构件变形时,应采用荷载效应的标准组合的设计值,各类荷载分项系数均应取1.0。

(4)钢材的强度设计值与弹性模量应按规定采用。

(5)扣件、底座、可调托撑的承载力设计值应按表2.21采用。

(6)受弯构件的挠度不应超过表2.22中规定的容许值。

表2.21 扣件、底座、可调托撑的承载力设计值(kN)

项 目	承载力设计值
对接扣件(抗滑)	3.20
直角扣件、旋转扣件(抗滑)	8.00
底座(抗压)、可调托撑(抗压)	40.00

表2.22 受弯构件的容许挠度

构件类别	容许挠度$[λ]$
脚手板、脚手架纵向、横向水平杆	$l/150$ 与 10 mm
脚手架悬挑受弯杆件	$l/400$
型钢悬挑脚手架悬挑钢梁	$l/250$

注:l为受弯构件的跨度,对悬挑杆件为其悬伸长度的2倍。

(7)受压、受拉构件的长细比不应超过表2.23中规定的容许值。

表2.23 受压、受拉构件的容许长细比

构件类别		容许长细比$[λ]$
立杆	双排架、满堂支撑架	210
	单排架	230
	满堂脚手架	250
横向斜撑、剪刀撑中的压杆		250
拉 杆		350

5)单、双排脚手架计算

(1)纵、横向水平杆的抗弯强度应按下式计算:

$$\sigma = \frac{M}{W} \leqslant f$$

式中 M——弯矩设计值(N·mm),应按以下式(2.4)的规定计算;

W——截面模量(mm^3);

f——钢材的抗弯强度设计值(N/mm^2),应按表2.18采用。

(2)纵、横向水平杆弯矩设计值应按下式计算:

$$M = 1.2M_{GK} + 1.4\sum M_{QK} \qquad (2.4)$$

式中　M_{GK}——脚手板自重产生的弯矩标准值（kN·m）；

　　　$\sum M_{QK}$——施工荷载产生的弯矩标准值（kN·m）。

（3）纵、横向水平杆的挠度应符合下式规定：

$$v \leqslant [v]$$

式中　$[v]$——容许挠度，应按表 2.22 采用。

（4）立杆的稳定性应符合下列公式要求：

不组合风荷载时　　　　　　　　　　　$\dfrac{N}{\varphi A} \leqslant f$ 　　　　　　　　　　　　　（2.5a）

组合风荷载时　　　　　　　　　　$\dfrac{N}{\varphi A} + \dfrac{M_w}{W} \leqslant f$ 　　　　　　　　　　　（2.5b）

式中　N——计算立杆段的轴向力设计值（N），应按以下式（2.6a）和式（2.6b）计算；

　　　φ——轴心受压构件的稳定系数，可查附录表 5；

　　　λ——长细比 $\lambda = l_0/i$；

　　　l_0——计算长度（mm），应按式（2.7）计算；

　　　i——截面回转半径（mm）；

　　　A——立杆的截面面积（mm^2）；

　　　M_w——立杆段由风荷载设计值产生的弯矩（N·mm），可按以下式（2.8）计算；

　　　f——钢材的抗压强度设计值（N/mm^2），应按表 2.18 采用。

（5）立杆段的轴向力设计值 N 应按下列公式计算：

不组合风荷载时

$$N = 1.2(N_{G1k} + N_{G2k}) + 1.4 \sum N_{Qk}$$ 　　　　　　　（2.6a）

组合风荷载时

$$N = 1.2(N_{G1k} + N_{G2k}) + 0.9 \times 1.4 \sum N_{Qk}$$ 　　　　　（2.6b）

式中　N_{G1k}——脚手架结构自重产生的轴向力标准值；

　　　N_{G2k}——构配件自重产生的轴向力标准值；

　　　$\sum M_{Qk}$——施工荷载产生的轴向力标准值总和，内、外立杆各按一纵距内施工荷载总和的

　　　　　　　　1/2 取值。

（6）立杆计算长度 l_0 应按下式计算：

$$l_0 = k\mu h$$ 　　　　　　　　　　　　　　　　　（2.7）

式中　k——立杆计算长度附加系数，其值取 1.155，当验算立杆允许长细比时，取 $k=1$；

　　　μ——考虑单、双排脚手架整体稳定因素的单杆计算长度系数，应按《扣件脚手架规范》

　　　　　　表 5.2.8 采用；

　　　h——步距。

（7）由风荷载产生的立杆段弯矩设计值 M_w 可按下式计算：

$$M_w = 0.9 \times 1.4 M_{wk} = \dfrac{0.9 \times 1.4 w_k l_a h^2}{10}$$ 　　　　　（2.8）

式中　M_{wk}——风荷载产生的弯矩标准值（kN·m）；

　　　w_k——风荷载标准值（kN/m^2），应按式（2.3）计算；

l_a——立杆纵距(m)。

6)满堂脚手架计算

(1)立杆的稳定性应按式(2.5a)、(2.5b)计算。由风荷载产生的立杆段弯矩设计值 M_w，可按公式(2.8)计算。

(2)立杆段的轴向力设计值 N 应按公式(2.6a)、(2.6b)计算。施工荷载产生的轴向力标准值总和 $\sum NQ_k$，可按所选取计算部位立杆负荷面积计算。

(3)立杆稳定性计算部位的确定应符合下列规定：

①当满堂脚手架采用相同的步距、立杆纵距、立杆横距时，应计算底层立杆段；

②当架体的步距、立杆纵距、立杆横距有变化时，除计算底层立杆段外，还必须对出现最大步距、最大立杆纵距、立杆横距等部位的立杆段进行验算；

③当架体上有集中荷载作用时，尚应计算集中荷载作用范围内受力最大的立杆段。

(4)满堂脚手架立杆的计算长度应按下式计算：

$$l_0 = k\mu h$$

式中　k——满堂脚手架立杆计算长度附加系数，应按表 2.24 采用；

　　　h——步距；

　　　μ——考虑满堂脚手整体稳定因素的单杆计算长度系数，应按《扣件脚手架规范》附录 C 表 C-1 采用。

表 2.24　满堂脚手架计算长度附加系数

高度 H(m)	$H \leqslant 20$	$20 < H \leqslant 30$	$30 < H \leqslant 36$
k	1.155	1.191	1.204

注：当验算立杆允许长细比时，取 $k=1$。

7)满堂支撑架计算

(1)立杆的稳定性应按式(2.5a)和(2.5b)计算。由风荷载设计值产生的立杆段弯矩 M_w，可按式(2.7)计算。

(2)立杆段的轴向力设计值 N 应按下列公式计算：

不组合风荷载时　　　　　　　$N = 1.2N_{Gk} + 1.4\sum N_{Qk}$ 　　　　　　(2.9a)

组合风荷载时　　　　　　$N = 1.2N_{Gk} + 0.9 \times 1.4\sum N_{Qk}$ 　　　　(2.9b)

式中　N_{Gk}——永久荷载对立杆产生的轴向力标准值总和(kN)；

　　　$\sum N_{Qk}$——可变荷载对立杆产生的轴向力标准值总和(kN)。

(3)立杆稳定性计算部位的确定应符合下列规定：

①当满堂支撑架采用相同的步距、立杆纵距、立杆横距时，应计算底层与顶层立杆段；

②当架体的步距、立杆纵距、立杆横距有变化时，除计算底层立杆段外，还必须对出现最大步距、最大立杆纵距、立杆横距等部位的立杆段进行验算；

③当架体上有集中荷载作用时，尚应计算集中荷载作用范围内受力最大的立杆段。

(4)满堂支撑架立杆的计算长度应按下式计算，取整体稳定计算结果最不利值：

顶部立杆段　　　　　　　　$l_0 = k\mu_1(h + 2a)$ 　　　　　　　　(2.10a)

非顶部立杆段　　　　　　　　$l_0 = k\mu_2 h$ 　　　　　　　　　(2.10b)

式中　k——满堂支撑架计算长度附加系数,应按表 2.25 采用;

　　　h——步距;

　　　a——立杆伸出顶层水平杆中心线至支撑点的长度,应不大于 0.5 m,当 0.2 m$<a<$ 0.5 m,承载力可按线性插入值计算;

　　　μ_1,μ_2——考虑满堂支撑架整体稳定因素的单杆计算长度系数,普通型构造应按本规范附录 C 表 C-2、C-4 采用;加强型构造应按本规范附录 C 表 C-3、C-5 采用。

表 2.25　满堂支撑架计算长度附加系数取值

高度 H(m)	$H\leqslant 8$	$8<H\leqslant 10$	$10<H\leqslant 20$	$20<H\leqslant 30$
k	1.155	1.185	1.217	1.291

注:当验算立杆允许长细比时,取 $k=1$。

8)脚手架地基承载力计算

(1)立杆基础底面的平均压力应满足下式要求:

$$p_k=\frac{N_k}{A}\leqslant f_g \tag{2.11}$$

式中　p_k——立杆基础底面处的平均压力标准值(kPa);

　　　N_k——上部结构传至立杆基础顶面的轴向力标准值(kN);

　　　A——基础底面面积(m^2);

　　　f_g——地基承载力特征值(kPa)。

(2)地基承载力特征值的取值应符合下列规定:

①当为天然地基时,应按地质勘察报告选用;当为回填土地基时,应对地质勘察报告提供的回填土地基承载力特征值乘以折减系数 0.4;

②由载荷试验或工程经验确定。

2.3　工程检算案例

工程概况

某跨污水渠连续梁结构形式为(32＋48＋32)m 预应力混凝土连续箱梁。标准箱梁总长 113.5 m。箱梁采用单箱单室截面,截面中心梁高 3.334 m,顶板宽 12.0 m,两侧悬臂长 2.65 m。箱梁顶板厚度 0.3～0.45 m,悬臂根部厚度为 0.65 m,底板厚 0.3～0.65 m,腹板厚 0.5～1.1 m。

该线路于 DK816＋301 处跨越污水渠,水渠于桥下转弯。污水渠呈梯形断面,底宽 4.2 m,顶宽 7.2 m,渠高 3.5 m。渠内边坡用混凝土砌护。

跨污水渠的同时跨越一条河堤路,路宽约 5 m。路一侧为污水渠,一侧为河堤坡道。线路与污水渠及河堤路位置如图 2.33 与图 2.34 所示。

支架方案

在梁端部(7 m 范围内,可参见图 1.2),支架立杆纵向间距均为 0.6 m;支架立杆横向间距于腹板、底板和翼缘板之下依次为 0.3 m、0.6 m、0.6 m。在立杆顶托之上纵向布置 10 cm× 15 cm 方木作为主梁(纵向分配梁),纵向与支架立杆相对应。主梁上部横向布置 10 cm× 10 cm 方木作为次梁(横向分配梁),次梁在梁端部和中部的间距为 0.6 m。碗扣支架立杆步距

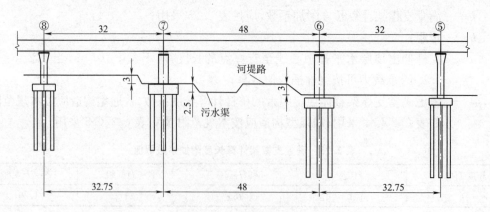

图 2.33　立面图(单位:m)

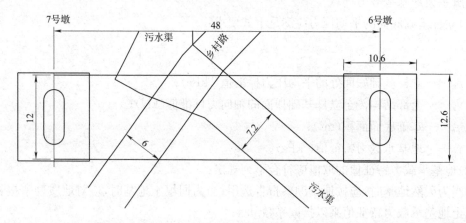

图 2.34　平面图

为 1.2 m。支架搭设前用三七灰土压实处理原地面,硬化 20 cm 厚 C20 混凝土作为持力层。

由于地形复杂,连续梁主跨碗扣管底座之下采用贝雷梁为作为跨渠方式。在跨越小桥部位采用排架+工字钢作为门洞。沿小桥方向,即与小桥平行方向在污水渠岸上铺设贝雷梁,间距 0.45 m,长度 9 m。基础采用断面 1 m×1 m×1 m 的条形基础。在小桥西侧浇筑条形基础作为排架的基础,东侧以 5 排贝雷梁作为排架底座。排架的间距形式为 0.3 m×0.3 m。上部纵桥向铺设 15 cm×15 cm 方木作为分配梁,上部铺设 I40b 工字钢作为主梁。纵桥向铺设 I40b 工字钢作为门洞主梁,每根工字钢上部对应一排碗扣管。

材料参数

(1) 竹胶合板:$[\sigma]=18$ MPa,$E=9\ 898$ MPa;

(2) 10 cm×10 cm 方木:$W=1.667\times10^{-4}$ m³,$I=8.333\times10^{-6}$ m⁴,$[\sigma]=13$ MPa,$[\tau]=$ 1.4 MPa,$E=10\ 000$ MPa;

(3) 10 cm×15 cm 方木:$W=3.75\times10^{-4}$ m³,$I=2.813\times10^{-5}$ m⁴,$[\sigma]=13$ MPa,$[\tau]=$ 1.4 MPa,$E=10\ 000$ MPa;

(4) $\phi48$ mm×3.5 mm 钢管:$A=489$ mm²,$I=1.219\times10^{5}$ mm⁴,$W=5.08\times10^{3}$ mm³,$i=$ 15.8 mm,$E=2.06\times10^{5}$ MPa,$f=205$ MPa,碗扣支架立杆步距为 1.2 m 时,立杆允许荷载为 30 kN;

(5) I40b 工字钢：$A = 9\ 410\ \text{mm}^2$，$I = 2.278 \times 10^8\ \text{mm}^4$，$W = 1.14 \times 10^6\ \text{mm}^3$，$d = 12.5\ \text{mm}$，$I/S = 336\ \text{mm}$，$E = 2.06 \times 10^5\ \text{MPa}$，$[\sigma] = 205\ \text{MPa}$，$[\tau] = 125\ \text{MPa}$。

碗扣式满堂支架检算

1. 荷载计算

箱梁混凝土一次浇筑成型，箱梁顶面宽 12 m，底板宽 5.4 m，梁高 3.334 m，主梁重 900 t。横断面如图 2.35 所示。

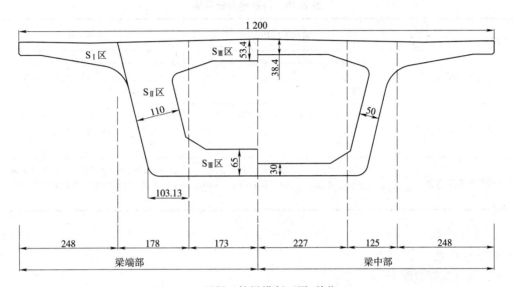

图 2.35 混凝土箱梁横断面图（单位：cm）

梁端部：$S_\text{I} = 1.18\ \text{m}^2$，$S_\text{II} = 4.1\ \text{m}^2$，$S_\text{III} = 4.26\ \text{m}^2$（按 5.4 m 底板计算）；

梁中部：$S_\text{I} = 1.18\ \text{m}^2$，$S_\text{II} = 2.2\ \text{m}^2$，$S_\text{III} = 2.91\ \text{m}^2$（按 5.4 m 底板计算）。

1）永久荷载

永久荷载如表 2.26 所示。

表 2.26 永久荷载计算表

位置 自重	梁端部（kPa）	梁中部（kPa）
S_I 区翼缘板处钢筋混凝土	$p_1 = \dfrac{\gamma \cdot S_1}{b_1} = \dfrac{26 \times 1.18}{2.48} = 12.37$	$p_1 = \dfrac{\gamma \cdot S_1}{b_1} = \dfrac{26 \times 1.18}{2.48} = 12.37$
S_II 区腹板处钢筋混凝土	$p_2 = \dfrac{\gamma \cdot S_2}{b_2} = \dfrac{26 \times 4.1}{1.78} = 59.89$	$p_2 = \dfrac{\gamma \cdot S_2}{b_2} = \dfrac{26 \times 2.2}{1.25} = 45.76$
S_III 区底板处钢筋混凝土	$p_3 = \dfrac{\gamma \cdot S_3}{b_3} = \dfrac{26 \times 2.13}{1.73} = 32.01$	$p_3 = \dfrac{\gamma \cdot S_3}{b_3} = \dfrac{26 \times 1.455}{2.27} = 16.67$
模板及支架	$p_4 = 4$	

2）可变荷载

可变荷载如表 2.27 所示。

表 2.27　可变荷载表

施工人员及设备荷载	$p_5 = 2.5$ kPa
振捣混凝土产生的荷载	$p_6 = 2$ kPa(底板 2 kPa,侧模 4 kPa)

3)荷载组合

采用极限状态法,荷载组合如表 2.28 所示。

表 2.28　荷载组合计算表

组合 \\ 位置	梁端部(kPa)	梁中部(kPa)
S_I 区翼缘板处荷载组合	$p = 1.2 \times (p_1 + p_4) + 1.4 \times (p_5 + p_6)$ $= 1.2 \times (12.37 + 4) + 1.4 \times (2.5 + 2)$ $= 25.94$	$p = 1.2 \times (p_1 + p_4) + 1.4 \times (p_5 + p_6)$ $= 1.2 \times (12.37 + 4) + 1.4 \times (2.5 + 2)$ $= 25.94$
S_{II} 区腹板处荷载组合	$p = 1.2 \times (p_2 + p_4) + 1.4 \times (p_5 + p_6)$ $= 1.2 \times (59.89 + 4) + 1.4 \times (2.5 + 2)$ $= 82.96$	$p = 1.2 \times (p_2 + p_4) + 1.4 \times (p_5 + p_6)$ $= 1.2 \times (45.76 + 4) + 1.4 \times (2.5 + 2)$ $= 66.01$
S_{III} 区底板处荷载组合	$p = 1.2 \times (p_3 + p_4) + 1.4 \times (p_5 + p_6)$ $= 1.2 \times (32.01 + 4) + 1.4 \times (2.5 + 2)$ $= 49.51$	$p = 1.2 \times (p_3 + p_4) + 1.4 \times (p_5 + p_6)$ $= 1.2 \times (16.67 + 4) + 1.4 \times (2.5 + 2)$ $= 31.10$

2. 立杆检算

1)立杆荷载

(1)梁跨端部截面

腹板处碗扣式支架立杆纵向水平间距 60 cm,横向水平间距 30 cm,横杆步距 120 cm,见图 1.2。每根立杆承受的竖向荷载:

$$N = 82.96 \times 0.6 \times 0.3 = 14.93 \text{(kN)}$$

底板处碗扣式支架立杆纵向水平间距 60 cm,横向水平间距 60 cm,横杆步距 120 cm,见图 1.2。每根立杆承受的竖向荷载:

$$N = 49.51 \times 0.6 \times 0.6 = 17.82 \text{(kN)}$$

翼缘板处碗扣式支架立杆纵向水平间距 60 cm,横向水平间距 60 cm,横杆步距 120 cm,见图 1.2。每根立杆承受的竖向荷载:

$$N = 25.94 \times 0.6 \times 0.6 = 9.34 \text{(kN)}$$

(2)梁跨中部截面

腹板处碗扣式支架立杆纵向水平间距 60 cm,横向水平间距 60 cm,横杆步距 120 cm,见图 1.2。每根立杆承受的竖向荷载:

$$N = 66.01 \times 0.6 \times 0.6 = 23.76 \text{(kN)}$$

底板处碗扣式支架立杆纵向水平间距 60 cm,横向水平间距 60 cm,横杆步距 120 cm,见图 1.2。每根立杆承受的竖向荷载:

$$N = 31.10 \times 0.6 \times 0.6 = 11.20 \text{(kN)}$$

翼缘板处碗扣式支架立杆纵向水平间距 60 cm,横向水平间距 60 cm,横杆步距 120 cm,见图 1.2。每根立杆承受的竖向荷载:

$$N = 25.94 \times 0.6 \times 0.6 = 9.34 \text{(kN)}$$

2）强度检算

（1）梁跨端部截面

腹板处：$\qquad N=14.93\ \text{kN}<30\ \text{kN}$（满足要求）

底板处：$\qquad N=17.82\ \text{kN}<30\ \text{kN}$（满足要求）

（2）梁跨中部截面

腹板处：$\qquad N=23.76\ \text{kN}<30\ \text{kN}$（满足要求）

底板处：$\qquad N=11.20\ \text{kN}<30\ \text{kN}$（满足要求）

3）刚度检算

偏于安全考虑，视立杆两端铰支，$\mu=1$，横杆步距 120 cm，故：

$$\lambda=\frac{\mu\cdot l}{i}=\frac{1\times 1\ 200}{15.8}=76<[\lambda]=230\quad（刚度满足要求）$$

4）稳定性检算

$\lambda=76$ 查附录表 5 得：$\varphi=0.744$。

$$\frac{N}{A}=\frac{23.76\times 10^3}{489}=48.59\ \text{MPa}<\varphi\cdot[\sigma]=0.744\times 205=152.52（\text{MPa}）$$

稳定性满足要求。

3. 分配梁检算

在立杆顶托之上纵向布置 10 cm×15 cm 方木作为主梁（纵向分配梁），纵向与支架立杆相对应。主梁上部横向布置 10 cm×10 cm 方木作为次梁（横向分配梁），次梁在梁端部和中部的间距为 0.6 m。

1）横桥向分配梁

在梁跨端部，腹板处底模下采用 10 cm×10 cm 的横桥向肋木，间距 30 cm，其下为 10 cm×15 cm 的顺桥向承重方木，间距 30 cm，故 10 cm×10 cm 肋木横桥向跨距 $l=30$ cm（立杆横向水平间距 30 cm），对其按两跨连续梁检算，底模横桥向肋木计算简图见图 2.36。

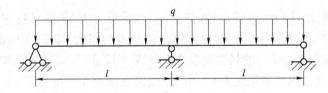

图 2.36　10 cm×10 cm 肋木计算简图

作用在横桥向肋木上的线荷载：

$$q=p\cdot b=82.96\times 0.3=24.89（\text{kN/m}）$$

最大弯矩：$\quad M=0.125ql^2=0.125\times 24.89\times 0.3^2=0.280（\text{kN}\cdot\text{m}）$

最大弯曲应力：

$$\sigma=\frac{M}{W}=\frac{0.280\times 10^6}{1.67\times 10^{-4}\times 10^9}=1.68\ \text{MPa}<[\sigma]=13（\text{MPa}）$$

最大剪力：$\quad V=0.625ql=0.625\times 24.89\times 0.3=4.67（\text{kN}）$

最大剪应力：$\quad \tau=\frac{3V}{2A}=\frac{3\times 4.67\times 10^3}{2\times 100\times 100}=0.70（\text{MPa}）<[\tau]=2.4\ \text{MPa}$

最大挠度：

$$f=\frac{0.521ql^4}{100EI}=\frac{0.521\times24.89\times300^4}{100\times10\ 000\times8.33\times10^{-6}\times10^{12}}=0.012\ 6(mm)<\frac{l}{400}=0.75\ mm$$

可见强度、刚度均满足要求。

与上述情况相似，在梁跨中部，底板处底模下采用 10 cm×10 cm 的横桥向肋木，间距 30 cm，其下为 10 cm×15 cm 的顺桥向承重方木，但是间距为 60 cm（立杆横向水平间距 60 cm），故 10 cm×10 cm 肋木横桥向跨距 $l=60$ cm，对其按两跨连续梁检算。

作用在横桥向肋木上的线荷载：

$$q=p\cdot b=49.51\times0.3=14.85(kN/m)$$

最大弯矩：　　　$M=0.125ql^2=0.125\times14.85\times0.6^2=0.668(kN\cdot m)$

最大弯曲应力：

$$\sigma=\frac{M}{W}=\frac{0.668\times10^6}{1.67\times10^{-4}\times10^9}=4.00\ MPa<[\sigma]=13(MPa)$$

最大剪力：　　　$V=0.625ql=0.625\times14.85\times0.6=5.57(kN)$

最大剪应力：　　$\tau=\frac{3V}{2A}=\frac{3\times5.57\times10^3}{2\times100\times100}=0.84(MPa)<[\tau]=2.4\ MPa$

最大挠度：

$$f=\frac{0.521ql^4}{100EI}=\frac{0.521\times14.85\times600^4}{100\times10\ 000\times8.33\times10^{-6}\times10^{12}}=0.120\ 4(mm)<\frac{l}{400}=1.5\ mm$$

可见强度、刚度均满足要求。

由此可见：

(1)在梁跨中部，底板处 10 cm×10 cm 横桥向肋木的强度与刚度比腹板处更为不利。

(2)梁跨中部的腹板与底板处的混凝土压强比梁跨端部的腹板与底板处的混凝土压强都要小，其他条件均一致，无需检算。

2)纵桥向分配梁

在梁跨中部底板处，10 cm×15 cm 纵向分配梁（承重方木）承受来自 10 cm×10 cm 横桥向肋木传来的集中力 F 的作用，F 的间距为横桥向肋木的间距，即 $l=30$ cm。集中力 F 的大小取 10 cm×10 cm 方木检算中的最大支反力 $R=2V=11.14$ kN。10 cm×15 cm 承重方木支点距取 $2l=60$ cm（立杆纵向水平间距 60 cm）。按简支梁对 10 cm×15 cm 方木进行检算，计算简图见图 2.37。

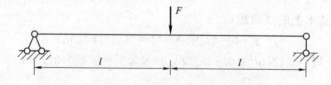

图 2.37　10 cm×15 cm 方木计算简图

集中荷载：　　　$F=R=2V=2\times5.57=11.14(kN)$

最大弯矩：　　　$M=\frac{F}{2}l=\frac{11.14}{2}\times0.3=1.67(kN\cdot m)$

故跨中最大弯曲应力：

$$\sigma=\frac{M}{W}=\frac{1.67\times10^6}{3.75\times10^{-4}\times10^9}=4.45(\text{MPa})<[\sigma]=13\text{ MPa}$$

最大剪应力：$\tau=\dfrac{3F}{2A}=\dfrac{3\times11.14/2\times10^3}{2\times150\times100}=0.56(\text{MPa})<[\tau]=2.4\text{ MPa}$

最大挠度：

$$f=\frac{Fl^3}{48EI}=\frac{11.14\times10^3\times600^3}{48\times10\,000\times2.813\times10^{-5}\times10^{12}}=0.178\,2(\text{mm})<\frac{2l}{400}=1.5\text{ mm}$$

强度、刚度均满足要求。

4. 工字钢检算

1）荷载选择

排架＋工字钢组成的门洞位于梁跨中部。在纵桥向，按照翼缘板、腹板、底板单排碗扣管所受纵向线荷载分别计算：

翼缘板下每排碗扣管：

$$q=p\cdot b/4=25.94\times2.48/4=16.08(\text{kN/m})$$

腹板下每排碗扣管：

$$q=p\cdot b/3=66.01\times1.25/3=27.50(\text{kN/m})$$

底板下每排碗扣管：

$$q=p\cdot b/6=31.10\times4.54/6=23.53(\text{kN/m})$$

采用最不利荷载计算，即采用腹板下荷载计算，结构形式按照纵梁跨径 8 m 的简支梁考虑。

2）强度检算

跨中弯矩：　　　　$M=\dfrac{ql^2}{8}=\dfrac{27.50\times8^2}{8}=220(\text{kN}\cdot\text{m})$

故跨中最大弯曲应力：

$$\sigma=\frac{M}{W}=\frac{220\times10^6}{1.14\times10^6}=192.98(\text{MPa})<[\sigma]=205\text{ MPa}$$

最大剪切应力：

$$\tau_{\max}=\frac{Q_{\max}\cdot S_{z\max}^*}{I_zb_1}=\frac{27.5\times8\,000\times0.5}{12.5\times336}=26.19(\text{MPa})<[\tau]=125\text{ MPa}$$

3）刚度检算

跨中最大挠度：

$$f=\frac{5ql^4}{384EI}=\frac{5\times27.5\times8\,000^4}{384\times2.06\times10^5\times2.278\times10^8}=31.25(\text{mm})<\frac{l}{250}=32\text{ mm}$$

可见，强度、刚度均满足要求。

实训项目

学生通过本实训项目的学习，能熟练使用计算软件。现利用软件对下列各检算项目进行进一步训练：

（1）贝雷架作为梁跨使用时，梁跨在各工况下的强度、刚度检算；

(2)碗扣式满堂支架门洞工字钢的强度、刚度检算。

1. 贝雷架检算

在本实训项目,在以下三种工况下,贝雷架(不加强)为三排单层时,使用 Ansys 或 Midas Civil 计算软件进行检算,计算出最大弯矩、最大剪力和最大挠度,强度与刚度检算如下。

1)工况 1

该工况为当第一跨左侧放置一节梁段,运梁台车运载一节梁段处于第一跨中间的情况,如图 2.38 所示。得到的弯矩、剪力和挠度如图 2.39 所示。

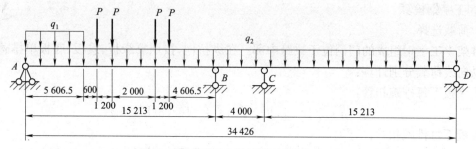

图 2.38　工况 1 力学计算图(单位:mm)

由图 2.39 中知,$M_B = 9.5 \times 10^8$ N·mm,$Q_B = 2.881\ 32 \times 10^5$ N,$f_{max} = 10.787$ mm。

$$f_{max} = 10.787\ \text{mm} < L/800 = 15\ 213/800 = 19.0\ \text{mm}$$

$$\sigma = \frac{M_B}{W} = \frac{9.5 \times 10^8}{10\ 735\ 594.29} = 88.5(\text{N/mm}^2), \quad \tau = \frac{Q_B}{A} = \frac{2.881\ 32 \times 10^5}{15\ 288} = 18.8(\text{N/mm}^2)$$

$$\sigma = \sqrt{\sigma^2 + 3\tau^2} = \sqrt{88.5^2 + 3 \times 18.8^2} = 94.3(\text{N/mm}^2) < [\sigma] = 160\ \text{N/mm}^2$$

$$\tau_{max} = \frac{Q_B}{A} = \frac{2.881\ 32 \times 10^5}{15\ 288} = 18.8(\text{N/mm}^2) < [\tau] = 96\ \text{N/mm}^2$$

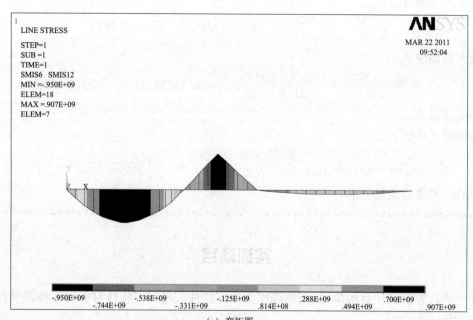

(a) 弯矩图

图　2.39

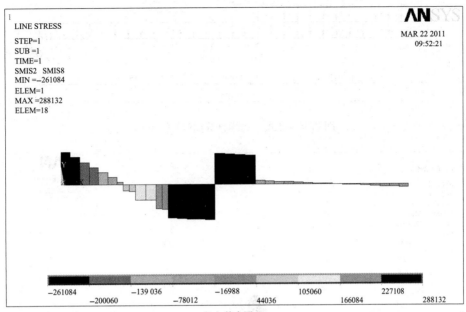

（b）剪力图

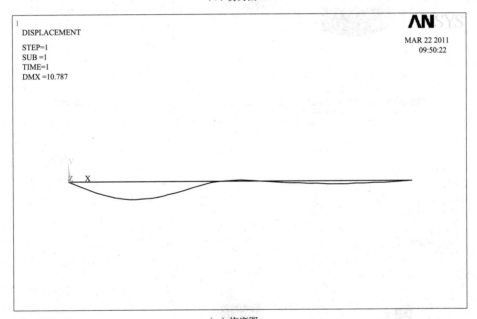

（c）挠度图

图 2.39　工况 1 检算

因此，工况 1 检算通过。

2）工况 2

第一跨上全放置安装梁段，如图 2.40 所示。得到的弯矩、剪力和挠度如图 2.41 所示。

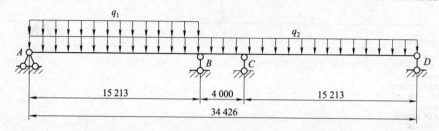

图 2.40 工况 2 力学计算图(单位:mm)

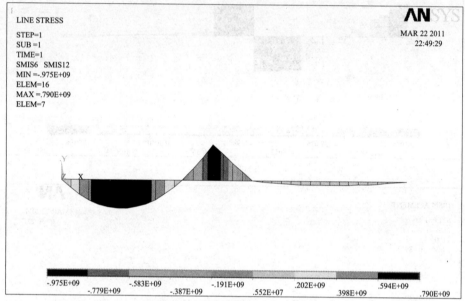

(a)弯矩图

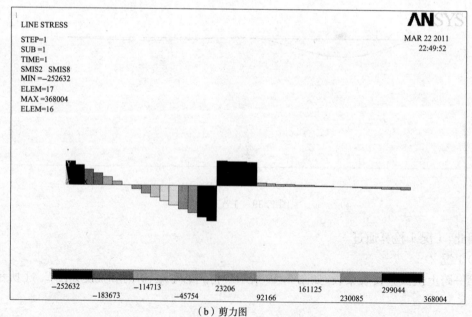

(b)剪力图

图 2.41

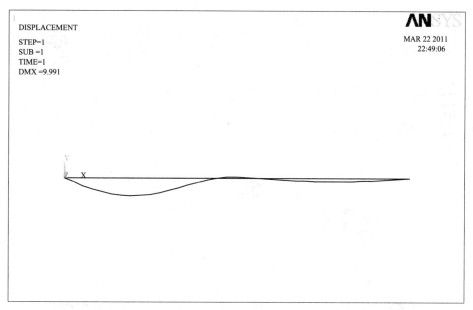

（c）挠度图

图 2.41　工况 2 检算

由图 2.40 中知，$M_B = 9.75 \times 10^8$ N·mm，$Q_B = 3.680\ 04 \times 10^5$ N，$f_{\max} = 9.991$ mm。

$$f_{\max} = 9.991\ \text{mm} < L/800 = 15\ 213/800 = 19.0\ \text{mm}$$

$$\sigma = \frac{M_B}{W} = \frac{9.75 \times 10^8}{10\ 735\ 594.29} = 90.8(\text{N/mm}^2), \quad \tau = \frac{Q_B}{A} = \frac{3.680\ 04 \times 10^5}{15\ 288} = 24.1(\text{N/mm}^2)$$

$$\sigma = \sqrt{\sigma^2 + 3\tau^2} = \sqrt{90.8^2 + 3 \times 24.1^2} = 99.9(\text{N/mm}^2) < [\sigma] = 160\ \text{N/mm}^2$$

$$\tau_{\max} = \frac{Q_B}{A} = \frac{3.680\ 04 \times 10^5}{15\ 288} = 24.1(\text{N/mm}^2) < [\tau] = 96\ \text{N/mm}^2$$

因此，工况 2 检算通过。

3）工况 3

一节段梁安放在走行梁上，另一节梁段在跨中用 4 个千斤顶起，千斤顶支承在三排贝雷梁上，如图 2.42 所示。得到的弯矩、剪力和挠度如图 2.43 所示。

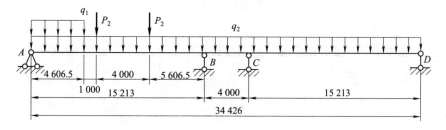

图 2.42　工况 3 力学计算图

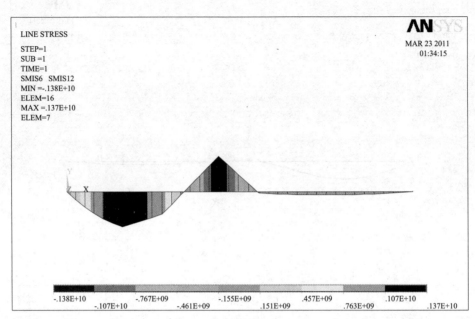

（a）弯矩图

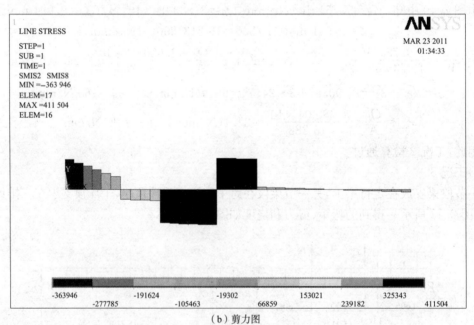

（b）剪力图

图 2.43

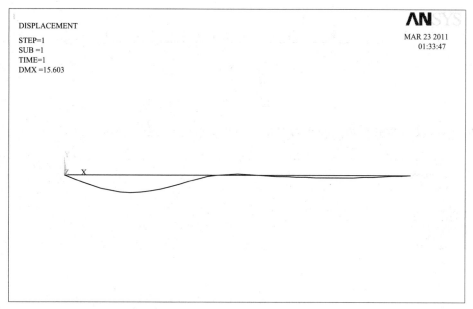

（c）挠度图

图 2.43   工况 3 检算

由图 2.43 可知，$M_B = 1.38 \times 10^9$ N·mm，$Q_B = 4.115\ 04 \times 10^5$ N，$f_{max} = 15.603$ mm。

$$f_{max} = 15.603\ \text{mm} < L/800 = 15\ 213/800 = 19.0\ \text{mm}。$$

$$\sigma = \frac{M_B}{W} = \frac{1.38 \times 10^9}{10\ 735\ 594.29} = 128.5(\text{N/mm}^2)，\tau = \frac{Q_B}{A} = \frac{4.115\ 04 \times 10^5}{15\ 288} = 26.9\ \text{N/mm}^2$$

$$\sigma = \sqrt{\sigma^2 + 3\tau^2} = \sqrt{128.5^2 + 3 \times 26.9^2} = 136.7(\text{N/mm}^2) < [\sigma] = 160\ \text{N/mm}^2$$

$$\tau_{max} = \frac{Q_B}{A} = \frac{4.115\ 04 \times 10^5}{15\ 288} = 26.9(\text{N/mm}^2) < [\tau] = 96\ \text{N/mm}^2$$

因此，工况 3 检算通过。

2. 碗扣式支架工字钢检算

在任务 2 中，使用 Ansys 或 Midas Civil 计算软件进行检算。

排架＋工字钢组成的门洞位于梁跨中部。在纵桥向，按照翼缘板、腹板、底板单排碗口管所受纵向线荷载分别计算：

翼缘板下每排碗扣管：

$$q = p \cdot b/4 = 25.94 \times 2.48/4 = 16.08(\text{kN/m})$$

腹板下每排碗扣管：

$$q = p \cdot b/3 = 66.01 \times 1.25/3 = 27.50(\text{kN/m})$$

底板下每排碗扣管：

$$q = p \cdot b/6 = 31.10 \times 4.54/6 = 23.53(\text{kN/m})$$

1）强度检算

采用最不利荷载计算，即采用腹板下荷载计算，结构形式按照纵梁跨径 8 m 的简支梁考虑，计算简图如图 2.44 所示。

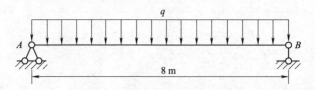

图 2.44　碗扣式支架工字钢计算简图

使用 Ansys 计算软件绘制的弯矩图和剪力图见图 2.45 和图 2.46。

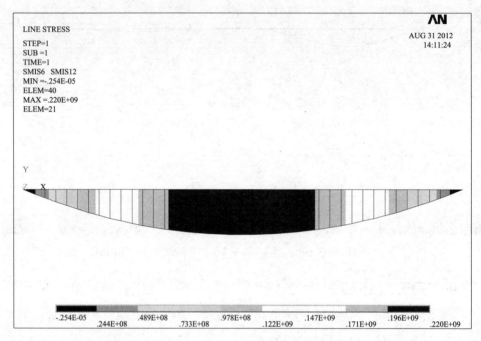

图 2.45　弯矩图

由图 2.45 知,$M=0.220\times10^9$ N·mm,故跨中最大弯曲应力:

$$\sigma=\frac{M}{W}=\frac{0.220\times10^9}{1.14\times10^6}=192.98(\text{MPa})<[\sigma]=205\ \text{MPa}（强度满足要求）$$

由图 2.46 知,$Q_{max}=110\ 000$ N,故最大剪应力:

$$\tau_{max}=\frac{Q_{max}\cdot S^*_{zmax}}{I_zb_1}=\frac{110\ 000}{12.5\times336}=26.19(\text{MPa})<[\tau]=125\ \text{MPa}$$

2)刚度检算

由 Ansys 计算软件绘制的挠度图见图 2.47。由图中知跨中最大挠度 $f=31.254$ mm。

$$f=31.254\ \text{mm}<l/250=32\ \text{mm}（刚度满足要求）$$

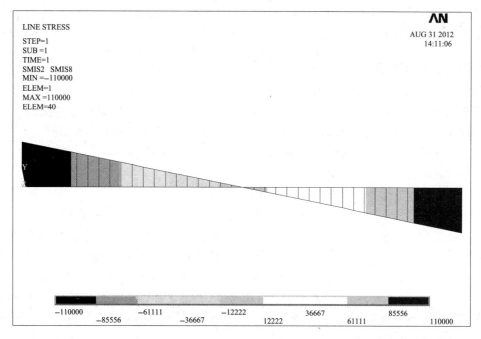

图 2.46 剪力图

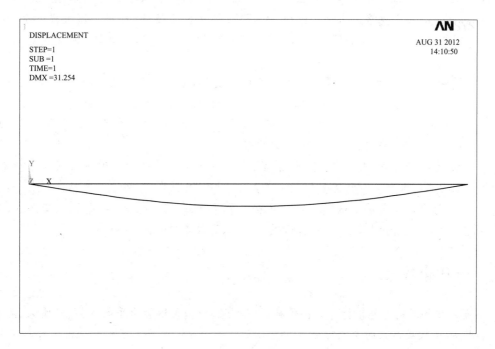

图 2.47 挠度图

知识拓展

1. 施工设备和机具

施工设备和机具的选择是桥梁施工技术中的一个重要课题,施工设备和机具的优劣往往决定了桥梁施工技术的先进性。反过来,桥梁施工技术也要求各种施工设备和机具不断进行更新和改造,以适应施工技术的发展。现代大型桥梁施工设备和机具主要有:

(1) 常备式结构,如脚手架、贝雷梁、军便梁、万能杆件、钢板桩等。

(2) 起重机具设备,如千斤顶、吊机等;

(3) 混凝土施工设备,例如拌和机、输送泵、振捣设备等;

(4) 预应力锚具及张拉设备,例如各类张拉千斤顶、钢丝镦头设备、各类钳夹具。

桥梁施工所有设备和机具的门类品种繁多,故在进行施工组织和规划时,常要根据具体的施工对象、工期、劳力分布等情况,合理地选用和安排各种机具设备,以期使它们能够发挥最大的工效和经济效益,确保整个工程能够高质量、高效率和安全地如期完成。

此外,施工实践证明:施工设备选用的正确与否,也是保证桥梁施工能否安全进行的一个重要条件。许多重大事故的发生,常常同施工设备陈旧或使用不当有关。

2. ANSYS 公司及其软件

ANSYS 公司成立于 1970 年,员工超过 1 700 人,总部位于美国宾夕法尼亚州的匹兹堡,在全球设立了 60 多个战略销售点。此外,ANSYS 还建立了涵盖 40 多个国家或地区的渠道合作伙伴网络。安世亚太是美国 ANSYS 公司在中国的独家代理,向中国用户提供 CAE 软件及服务。

ANSYS 公司致力于工程仿真软件和技术的研发,在全球众多行业中,被工程师和设计师广泛采用。ANSYS 公司重点开发开放、灵活的,对设计直接进行仿真的解决方案,提供从概念设计到最终测试产品研发全过程的统一平台,同时追求快速、高效和经济。公司及其全球渠道合作网络提供销售、培训和技术支持一体化服务。

ANSYS 软件是融结构、流体、电场、磁场、声场分析于一体的大型通用有限元分析软件。由世界上最大的有限元分析软件公司之一的美国 ANSYS 开发,软件主要包括三个部分:前处理模块,分析计算模块和后处理模块。它可应用于以下工业领域:航空航天、汽车工业、生物医学、桥梁、建筑、电子产品、重型机械、微机电系统、运动器械等。

项目小结

1. 支架常备式构件包括扣件式钢管脚手架支架、碗扣式钢管脚手架支架、贝雷架、万能杆件及军用梁,是模板体系的支架部分。

2. 支架的构造形式有支柱式、梁式及梁柱式;贝雷架、碗扣式钢管脚手架属于前两者。

3. 贝雷架,即贝雷钢桥,也称装配式公路钢桥或组合钢桥,世界各国都在原贝雷钢桥的基础上结合本国实际情况设计了类似的装配式公路钢桥。

4. "321"装配式公路钢桥是由单销连接桁架单元作为主梁的半穿下承式米字形桥梁,其基本构件按用途可分为主体结构、桥面系、支撑连接结构和桥端结构四大部分,并配有专用的架

设工具。桁架单元,即桁架片,由上下弦杆、竖杆和斜杆焊接而成。

5. 贝雷架作为梁跨使用时,应检算其在各工况下的强度和刚度;贝雷架钢管支墩应进行稳定性检算。

6. 六四式铁路军用梁是我国自行研制的、中等跨度适用的、标准轨距和 1 m 轨距通用的一种铁路桥梁抢修制式器材。其中九种构件在两种型号的器材中是通用的,构件共分三类:基本构件、辅助端构架构件及低支点端构架构件。

7. 万能杆件,或称拆装式杆件,是广泛应用于我国铁路与公路桥梁施工的一种常备式辅助结构。其类型有铁道部门生产的甲型(又称 M 型)、乙型(又称 N 型)和西安筑路机械厂生产的乙型(称为西乙型)。西乙型万能杆件与前两种在结构、拼装形式上基本相同,仅弦杆角铁尺寸、部分缀板的大小和螺栓直径稍有差异。

8. 满堂扣件式钢管脚手架是指由在纵横方向,不少于三排立杆并与水平杆、水平剪刀撑、竖向剪刀撑、扣件等构成的脚手架。该架体顶部作业层施工荷载通过水平杆传递给立杆,顶部立杆呈偏心受压状态,简称满堂脚手架。

9. 碗扣式钢管脚手架构件由碗扣节点、立杆、顶杆、横杆、斜杆、支座等组成;作用于碗扣式钢管脚手架上的荷载可分为永久荷载(恒荷载)和可变荷载(活荷载)两类。永久荷载的分项系数应取 1.2,对结构有利时应取 1.0;可变荷载的分项系数应取 1.4。

10. 碗扣式支架检算内容包括:立杆强度、刚度及稳定性检算;分配梁的强度与刚度检算;工字钢的强度与刚度检算。立杆作为压杆可利用欧拉公式进行稳定性检算。

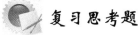

复习思考题

1. 支架常备式构件的常见形式有哪些? 核心部件是什么? 由几部分组成?

2. 简述贝雷架的发展历史。

3. 简述贝雷架的桁架单元的组成,主要桁架单元杆件的性能参数有哪些?

4. 贝雷架横截面为单层 3 排、4 排时的几何特性参数是什么?

5. 单层 3 排、4 排时,加强的贝雷架的几何特性参数是什么?

6. 简述六四式铁路军用梁的主要适用范围。器材的组成是什么?

7. 万能杆件的类型有哪些? 西乙型万能杆件的杆件规格有哪些?

8. 支架的构造形式有哪些? 碗扣式支架的结构构造是什么?

9. 碗扣式支架立杆的纵向水平间距、横向水平间距、横杆步距是什么含义? 取值有哪些?

10. 碗扣式支架检算内容包括哪些?

11. 立杆之上的纵向分配梁、横向分配梁是什么含义?

12. 如何进行立杆强度检算? 强度的依据是什么?

13. "排架+工字钢"组成的作用有什么? 工字钢的截面几何特性是什么?

14. 箱梁混凝土横截面分区域时,每块区域的面积和其产生的混凝土压强之间的大小关系式是什么? 如何推导?

15. 碗扣式支架每根立杆承受的竖向荷载是如何计算的?

16. 什么是长细比? 如何查取稳定系数?

17. 在任务 2 中,按照极限状态法,荷载是如何组合的?

项目3 预应力混凝土构件预制台座检算

项目描述

本项目介绍了先张法、后张法的台座类型及其结构组成。

在工程检算案例中,对先张法传力柱和横梁进行了强度、刚度检算;对后张法张拉实施前后制梁台座的基础承载力进行了检算,对存梁台座基础单、双层存梁时进行了承载力检算。

学习目标

1. 能力目标

(1)能够检算传力柱及横梁的强度、刚度与稳定性;

(2)能够检算后张法台座基础承载力;

(3)能够初步使用计算软件;

(4)能够编制检算书。

2. 知识目标

(1)掌握先张法传力柱的结构及适用条件;

(2)掌握后张法制、存梁台座基础的承载力计算;

(3)掌握大、小偏心受压构件正截面承载力的计算。

任务1 先张法台座检算

1.1 工作任务

学生通过本任务的学习,能够进行以下内容的检算:

(1)先张法槽式台座传力柱及横梁的强度、刚度与稳定性检算;

(2)先张法槽式台座钢横梁的强度、刚度检算。

1.2 相关配套知识

先张法一般用于预制构件厂生产定型的中小型构件。先张法生产时,可采用台座法或机组流水法。

台座由台面、横梁和承力结构等组成,它是先张法的主要生产设备。预应力筋的张拉、锚固、混凝土浇筑、振捣和养护及预应力筋放张等全部施工过程都在台座上完成;预应力筋放松前,其张拉力由台座承受。台座应有足够的强度、刚度和稳定性。

墩式台座

墩式台座由台墩、台面与横梁等组成。台墩和台面共同承受拉力。墩式台座用以生产各种形式的中小型构件。

1. 台墩

台墩是承力结构,由钢筋混凝土浇筑而成。承力台墩应进行强度和稳定性检算。稳定性检算一般包括抗倾覆检算与抗滑移检算。抗倾覆系数不得小于 1.5,抗滑移系数不得小于 1.3。抗倾覆检算的计算简图如图 3.1 所示,按下式计算:

$$K_0 = \frac{M'}{M} \geqslant 1.5 \tag{3.1}$$

式中　K_0——台座的抗倾覆安全系数;

　　　M'——抗倾覆力矩(kN·m);

　　　M——由张拉合力 T 产生的倾覆力矩,$M = T \cdot e$;

　　　e——张拉合力 T 的作用点到倾覆转动点 O 的力臂(m)。

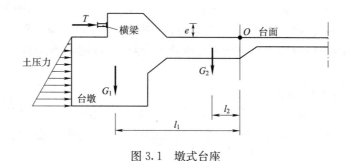

图 3.1　墩式台座

如果忽略土压力,则:

$$M' = G_1 \cdot l_1 + G_2 \cdot l_2$$

抗滑移验算:

$$K_e = \frac{T'}{T} \geqslant 1.3$$

式中　K_e——抗滑移安全系数;

　　　T'——抗滑移的力,kN。对于独立的台墩,T' 由侧壁上压力和底部摩阻力等产生;对与台面共同工作的台墩,其水平推力几乎全部传给台面,不存在滑移问题,可不作抗滑移计算,此时应验算台面的强度。

2. 台面

台面是预应力构件成型的胎模,要求地基坚实平整,一般是在厚 150 mm 夯实碎石垫层上,浇筑 60～80 mm 厚 C20 混凝土面层。台面要求坚硬、平整、光滑,沿其纵向有 3% 的排水坡度。

3. 横梁

横梁以台墩墩座牛腿为支承点安装在其上,是锚固夹具(工具锚)临时固定预应力筋的支承点,也是张拉机械张拉预应力筋的支座。横梁常采用型钢或钢筋混凝土制作。

槽式台座

槽式台座由台面、传力柱、横梁、横系梁组成。槽式台座既可承受拉力,又可作蒸汽养护槽,适用于张拉吨位较高的大型构件,如图 3.2 所示。

图 3.2　槽式台座构造

　　槽式台座需进行强度和稳定性检算。传力柱的强度按钢筋混凝土结构单向偏心受压构件进行检算。

　　1. 偏心受力构件类型

　　偏心受力构件:构件截面上作用一偏心的纵向力(拉或压)或同时作用轴向力和弯矩;

　　单向偏心受力构件:纵向力作用点仅对构件截面的一个主轴有偏心距;

　　双向偏心受力构件:纵向力作用点对构件截面的两个主轴都有偏心距。

　　2. 破坏形态

　　(1)大偏心受压破坏(拉压破坏)

　　①发生条件:相对偏心距 e_0/h_0 较大,受拉纵筋 A_s 不过多时。

　　如图 3.3(a)所示,受拉边出现水平裂缝,继而形成一条或几条主要水平裂缝,主要水平裂缝扩展较快,裂缝宽度增大使受压区高度减小,受拉钢筋的应力首先达到屈服强度,然后受压边缘的混凝土达到极限压应变而破坏,受压钢筋应力一般都能达到屈服强度。

　　②大偏心受压破坏的主要特征:破坏从受拉区开始,受拉钢筋首先屈服,而后受压区混凝土被压坏。

　　(2)小偏心受压破坏(受压破坏)

　　①发生条件:相对偏心距 e_0/h_0 较大,但受拉纵筋 A_s 数量过多;或相对偏心距 e_0/h_0 较小时。

　　如图 3.3(b)所示,随荷载加大到一定数值,截面受拉边缘出现水平裂缝,但未形成明显的主裂缝,而受压区临近破坏时受压边出现纵向裂缝。

　　破坏较突然,无明显预兆,压碎区段较长。破坏时,受压钢筋应力一般能达到屈服强度,但受拉钢筋并不屈服,截面受压边缘混凝土的压应变比拉压破坏时小。

　　当相对偏心距很小时,构件全截面受压,破坏从压应力较大边开始,此时,该侧的钢筋应力一般均能达到屈服强度,而压应力较小一侧的钢筋应力达不到屈服强度。若相对偏心距更小时,由于截面的实际形心和构件的几何中心不重合,也可能发生离纵向力较远一侧的混凝土先压坏的情况(反向破坏)。

　　②小偏心受压破坏特征:由于混凝土受压而破坏,压应力较大一侧钢筋能够达到屈服强度,而另一侧钢筋受拉不屈服或者受压不屈服。

　　3. 两类偏心受压破坏的界限

　　根本区别:破坏时受拉纵筋是否屈服。

　　界限状态:受拉纵筋屈服,同时受压区边缘混凝土达到极限压应变。

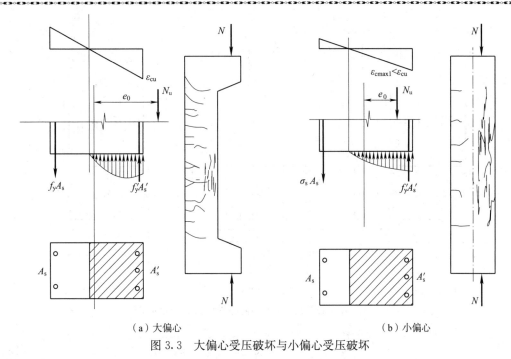

（a）大偏心　　　　　　　　　　　　（b）小偏心

图 3.3 大偏心受压破坏与小偏心受压破坏

界限破坏特征与适筋梁、与超筋梁的界限破坏特征完全相同，因此，ξ_b 的表达式与受弯构件的完全一样。

4. 大、小偏心受压构件判别条件

当时 $\xi \leqslant \xi_b$，为大偏心受压；当时 $\xi > \xi_b$，为小偏心受压。

5. 附加偏心距、初始偏心距

可能产生附加偏心距 e_a 的原因：荷载作用位置的不定性；混凝土质量的不均匀性；施工的偏差等因素。初始偏心距 $e_i = e_0 + e_a$。

《混凝土结构设计规范》(GB 50010—2010)规定：在两类偏心受压构件的正截面承载力计算中，均应计入轴向压力在偏心方向存在的附加偏心距，$e_a = \max(h/30, 20)$ mm。

6. 基本计算公式及适用条件

(1)大偏心受压构件，如图 3.4(a)所示。

①基本公式

$$e = \eta e_i + \left(\frac{h}{2} - a_s\right), \quad e' = \eta e_i - \left(\frac{h}{2} - a'_s\right) \tag{3.2a}$$

$$N \leqslant N_u = \alpha_1 f_c b h_0 \xi + f'_y A'_s - f_y A_s \tag{3.2b}$$

$$Ne \leqslant N_u e = \alpha_1 f_c b_x \left(h_0 - \frac{x}{2}\right) + f'_y A'_s (h_0 - a'_s) \tag{3.2c}$$

②适用条件

大偏心　　　　　　　　$x \leqslant \xi_b h_0$　或　$\xi \leqslant \xi_b$ $\tag{3.3a}$

小偏心　　　　　　　　$x \geqslant 2a'_s$　或　$\xi \geqslant \dfrac{2a'_s}{h_0}$ $\tag{3.3b}$

(2)小偏心受压构件，如图 3.4(b)所示。

①基本公式

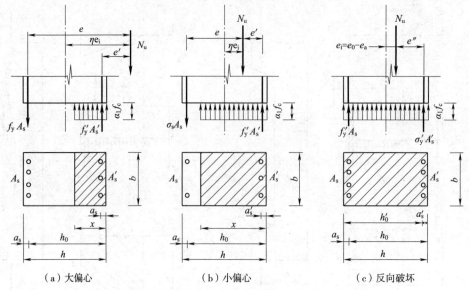

（a）大偏心　　　　　　　（b）小偏心　　　　　　　（c）反向破坏

图 3.4　大偏心受压破坏、小偏心受压破坏与反向破坏

$$e=\eta e_i+\frac{h}{2}-a_s \quad 或 \quad e'=\frac{h}{2}-\eta e_i-a'_s \tag{3.4}$$

$$\left.\begin{array}{c} Ne\leqslant N_u e=\alpha_1 f_c bx\left(h_0-\dfrac{x}{2}\right)+f'_y A'_s(h_0-a'_s) \\[2mm] Ne'\leqslant N_u e'=\alpha_1 f_c bx\left(\dfrac{x}{2}-a'_s\right)-\sigma_s A_s(h_0-a'_s) \\[2mm] N\leqslant N_u=\alpha_1 f_c bx+f'_y A'_s-\sigma_s A_s \end{array}\right\} \tag{3.5}$$

或

$$\left.\begin{array}{c} Ne\leqslant N_u e=\alpha_1 f_c bh_0^2\xi\left(1-\dfrac{\xi}{2}\right)+f'_y A'_s(h_0-a'_s) \\[2mm] Ne'\leqslant N_u e'=\alpha_1 f_c bh_0^2\xi\left(\dfrac{\xi}{2}-\dfrac{a'_s}{h_0}\right)-\sigma_s A_s(h_0-a'_s) \\[2mm] N\leqslant N_u=\alpha_1 f_c bh_0\xi+f'_y A'_s-\sigma_s A_s \end{array}\right\} \tag{3.6}$$

σ_s 可以近似计算：　　$\sigma_s=\dfrac{\xi-\beta_1}{\xi_b-\beta_1}f_y$，同时满足 $-f'_y\leqslant\sigma_s\leqslant f_y$

当 σ_s 为正时，A_s 受拉；当 σ_s 为负时，A_s 受压。混凝土等级不超过 C50 时，$\beta_1=0.8$；混凝土等级 C80 时，$\beta_1=0.74$。

②适用条件

$$\xi>\xi_b$$

（3）小偏心反向受压破坏时，如图 3.4(c)所示。

$$e''=\frac{h}{2}-a'_s-(e_0-e_a) \tag{3.7}$$

当轴向压力较大而偏心距很小时，有可能 A_s 受压屈服，这种情况称为小偏心受压的反向破坏。对 A'_s 合力点取矩，得：

$$Ne''\leqslant N_u e''=f_c bh\left(h'_0-\frac{h}{2}\right)+f'_y A_s(h'_0-a_s) \tag{3.8}$$

$$A_s \geqslant \frac{Ne'' - f_c bh\left(h_0' - \dfrac{h}{2}\right)}{f_y'(h_0' - a_s)} \tag{3.9}$$

1.3　工程检算案例

工程概况

某线路合同段,全长 7.12 km。其中 13 m、16 m、20 m 预应力混凝土空心板梁共计 812 片,全部场内集中预制(图 3.5)。

空心板梁采用槽式台座进行张拉生产,设置制梁台座 7 线。20 m 跨空心板预应力筋采用抗拉强度标准值 1 860 MPa,公称直径 15.2 mm 的低松弛高强度钢绞线 16 根,呈直线形布置,张拉控制应力 $1\,860 \times 0.75 = 1\,395$ MPa,公称截面积 139 mm^2,混凝土强度等级 C40。采用的张拉设备有 250 t 穿心千斤顶,20 t 穿心千斤顶,ZB-500 型电动油泵,1.0 级压力表。

| （a）总体布局 | （b）传力柱 |

图 3.5　槽式台座

台座技术参数

梁场采用槽式台座预制 20 m 先张法预应力混凝土梁,相关技术参数如下:

(1)工程选用 6 线长线台座,设置 7 根通长纵梁做传力柱,见图 3.5(b),每线可同时生产 5 片混凝土强度等级 C50 的空心板梁,芯模为 $\phi72$ 的充气胶囊,空心板底模宽 1 240 mm。

(2)钢筋混凝土传力柱采用 C30 混凝土浇筑而成,其长度为 63.75 m,矩形横截面尺寸为 600 mm×900 mm(图 3.6)。为使整个预制场成为一个整体,传力柱间每 10 m 设置200 mm× 150 mm 的横向联系梁一道。

(3)传力柱所承受的偏心压力为 $1\,395 \times 139 \times 16 = 3\,102.48$ kN,计算时张拉偏心距 e_0 取 70 mm。相邻传力柱最大跨径为 304.5 cm。

(4)台座张拉及固定端的钢横梁采用两根 I56a 工字钢并列焊接,两边加焊 2 cm 厚钢板,钢横梁宽 0.43 m,安全系数取值 $K = 1.30$。

台座检算

1. 传力柱检算

1)判断大、小偏心

$$\frac{l_0}{h} = \frac{0.4 \times 63.75 \times 10^3}{900} = 28.33 > 5,\text{属于长柱}$$

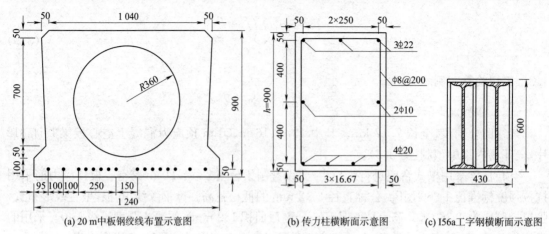

(a) 20 m中板钢绞线布置示意图 (b) 传力柱横断面示意图 (c) I56a工字钢横断面示意图

图 3.6 构件截面图(单位:mm)

$$e_a = \max \begin{cases} 20 \text{ mm} \\ h/30 = 900/30 = 30 \text{ mm} \end{cases} \text{取最大值 } 30 \text{ mm}, \quad e_0 = 70 \text{ mm}$$

$$e_i = e_0 + e_a = 70 + 30 = 100 \text{(mm)}$$

$$h_0 = h - a_s = 900 - 50 = 850 \text{(mm)}$$

$$\xi_1 = 0.2 + 2.7 \frac{e_i}{h_0} = 0.2 + 2.7 \times \frac{100}{850} = 0.517\,6 \leqslant 1$$

$$\xi_2 = 1.15 - 0.01 \frac{l_0}{h} = 1.15 - 0.01 \times 28.33 = 0.866\,7 \leqslant 1$$

$$\eta = 1 + \frac{1}{1\,400 \frac{e_i}{h_0}} \left(\frac{l_0}{h}\right)^2 \xi_1 \xi_2 = 1 + \frac{28.33^2 \times 0.517\,6 \times 0.866\,7}{1\,400 \times \frac{100}{850}} = 3.186$$

$$\eta e_i = 318.6 \text{ mm} > 0.3 h_0 = 255 \text{ mm}, \quad 按大偏心计算$$

2)求受压区高度

$$\alpha_1 f_c b x \left(\eta e_i - \frac{h}{2} + \frac{x}{2}\right) = f_y A_s \left(\eta e_i + \frac{h}{2} - a_s\right) - f_y' A_s' \left(\eta e_i - \frac{h}{2} + a_s'\right)$$

代入相关数据得:

$$4\,290 x^2 - 1\,127\,412 x - 298\,607\,280 = 0, \quad x = 426.14 \text{(mm)}$$

$$2 a_s' = 100 < x < x_b = \xi_b h_0 = 0.550 \times 850 = 467.5 \text{(mm)}$$

故为大偏心受压。

3)求受压承载力

$$N_u = \alpha_1 f_c b \xi + f_y' A_s' - f_y A_s$$

$$= 1.0 \times 14.3 \times 600 \times 426.14 + 300 \times 1\,140 - 300 \times 1\,256$$

$$= 3\,621.48 \text{(kN)} > 3\,102.48 \text{ kN} \quad (传力柱承载力满足要求)$$

2. 钢横梁检算

1)强度检算

I56a 工字钢参数如下:

$h = 560$ mm, $A = 1\,354.35$ mm^2, $I = 6.56 \times 10^8$ mm^4, $W = 2.34 \times 10^6$ mm^3,
$d = 12.5$ mm, $I/S = 477$ mm, $E = 2.06 \times 10^5$ MPa, $[\sigma] = 205$ MPa, $[\tau] = 125$ MPa

2 cm 厚钢板(6 块)参数如下：

$$I = 2 \times (\frac{1}{12} \times 20 \times 560^3) + 2 \times (\frac{1}{12} \times 430 \times 20^3 + 20 \times 430 \times 290^2) + 2 \times (\frac{1}{12} \times 20 \times 520^3)$$
$$= 2.501\ 2 \times 10^9 (\text{mm}^4)$$

钢横梁的惯性矩：

$$I = 2 \times 6.56 \times 10^8 + 2.501\ 2 \times 10^9 = 3.813\ 2 \times 10^9 (\text{mm}^4)$$

采用相邻传力柱最大跨径为 304.5 cm 计算，结构形式按简支梁考虑，安全系数 $K = 1.30$，计算简图如图 3.7 所示。

$$q = \frac{1.3 \times 3\ 102.48 \times 10^3}{1.44 \times 10^3} = 2\ 800.85 (\text{N/mm})$$

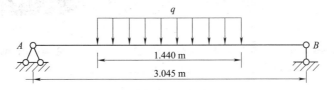

图 3.7 台座钢横梁计算简图

使用 Ansys 计算软件绘制的弯矩图和剪力图见图 3.8 和图 3.9。

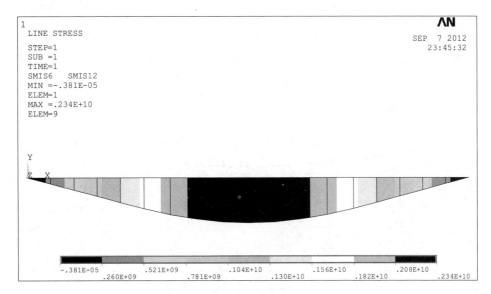

图 3.8 弯矩图

由图 3.8 知跨中最大弯矩 $M = 0.234 \times 10^{10}$ N·mm，故跨中最大弯曲应力：

$$\sigma = \frac{M}{W} = \frac{0.234 \times 10^{10}}{3.813\ 2 \times 10^9} \times \frac{600}{2} = 184.10 (\text{MPa}) < [\sigma] = 205\ \text{MPa} \quad (强度满足要求)$$

由图 3.9 知最大剪力 $Q_{\max} = 0.202 \times 10^7$ N，故平均剪应力：

$$\tau = \frac{Q_{\max}}{A} = \frac{0.202 \times 10^7}{63\ 108.7} = 32.01 (\text{MPa}) < [\tau] = 125\ \text{MPa} \quad (强度满足要求)$$

2)刚度检算

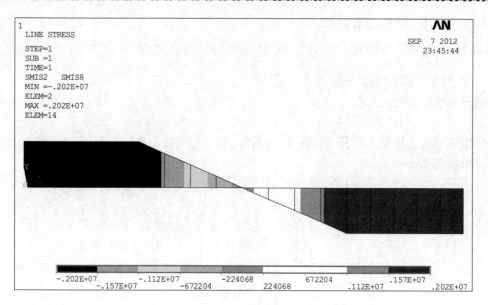

图 3.9　剪力图

使用 Ansys 绘制的拱度图见图 3.10,跨中最大挠度 $f=2.722$ mm。

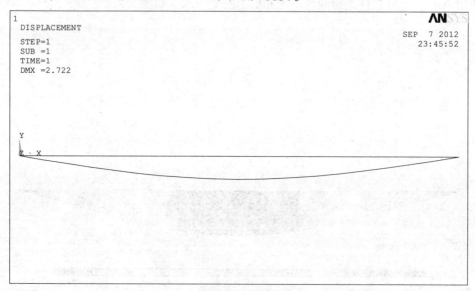

图 3.10　挠度图

$$f=2.722 \text{ mm} < l/400 = 7.61 \text{ mm} \quad (\text{刚度满足要求})$$

任务 2　后张法台座检算

2.1　工作任务

学生通过本任务的学习,能够进行以下内容的检算:

(1)后张法箱梁在张拉前后制梁台座基础的承载力检算;

（2）后张法箱梁存梁台座基础的承载力检算。

2.2 相关配套知识

随着铁路客运专线和高速铁路的迅速发展，桥梁上部结构广泛采用标准箱梁，其截面大，重量大，标准也高，除少量采用现浇和移动模架施工外，大部分在场内预制。预制场是大临工程，主要包括制梁台座、存梁台座、移梁小车轨道基础、搬（提）梁机走行轨道等。

制梁台座（图 3.11a）是制梁场内为箱梁预制提供平台的混凝土结构物。箱梁在制梁台座上完成模板安拆、预埋件安装、钢筋骨架安装、混凝土浇筑及养护、预应力钢筋（预）初张拉和出梁等基本工序。

（a）制梁台座　　　　　　　　　　（b）存梁台座

图 3.11　箱梁台座

存梁台座（图 3.11b）是梁场中数量最多的土建结构，而且箱梁在存梁台座上存放的时间最长，它能否满足箱梁预制要求，将直接影响到箱梁的质量。存梁台座相当于临时的箱梁支撑，因此存梁台座布置于箱梁的两端。

制梁台座

1. 制梁台座结构

制梁台座主要由三部分组成：连续墙、地基板（梁板式基础）和桩基础组成，如图 3.12、图 3.13 所示。有时制梁台座两端采用扩大基础——端部台座采用钢筋混凝土扩展式基础，如图 3.14、图 3.15 所示，地基需换填，逐层压实，保证承载力足够。

案例一：京沪高速铁路某标段梁场制梁台座结构

制梁台座采用钢筋混凝土结构，由 1 块地基板、3 道连续墙和 12 根基桩组成。制梁台座长 33.2 m，总高 1.6 m（地基板厚 0.6 m、连续墙高 1 m），宽 6.6 m，露地部分高 1 m，宽 4.8 m，全部采用 C30 混凝土。地基梁下铺 30 cm 厚级配碎石并夯实。箱梁自重 900 t。

根据制梁区范围内的地层特点，制梁台座基础采用钻孔灌注桩，桩径 1 m，混凝土为 C25，单桩长 25 m。基础地基板与周边混凝土隔离，满足基础不均匀沉降值和底模变形值之和不大于 2 mm 的要求，反拱按二次抛物线设置，在铺设底模时精调。制梁台位施工时预埋底侧模安装使用的预埋件，布设蒸养管道。制梁台座结构如图 3.12、图 3.13 所示。

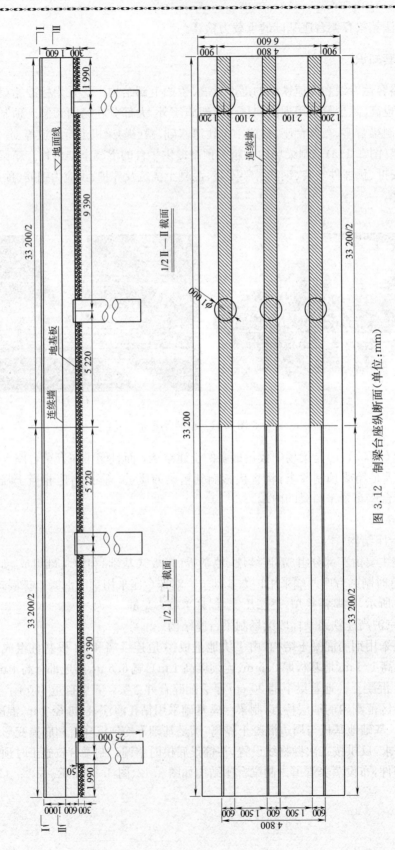

图 3.12　制梁台座纵断面（单位：mm）

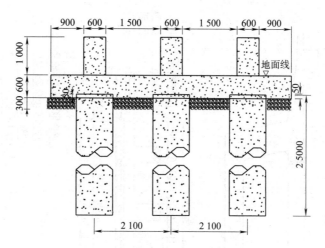

图 3.13　台座桩基础(单位:mm)

案例二:制梁台座中间为加垫层浅基础,两端为扩大基础,如图 3.14、图 3.15 所示。

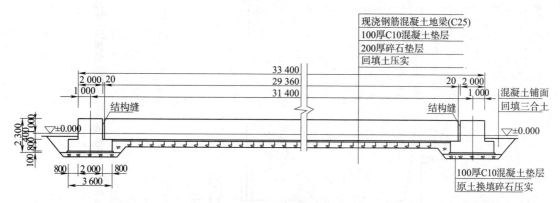

图 3.14　制梁台座纵断面(单位:mm)

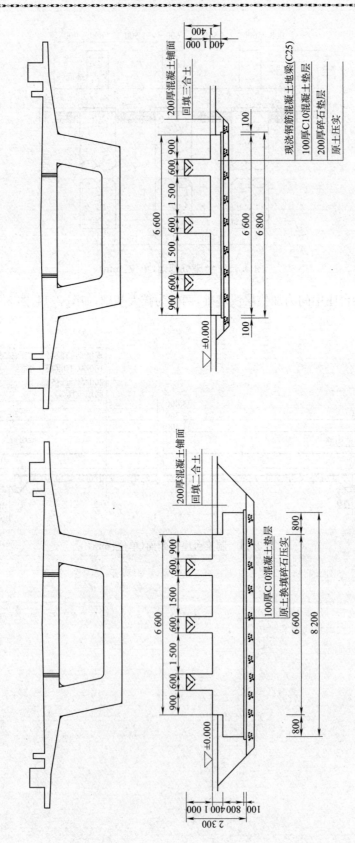

图 3.15　台座端部扩大基础及地梁（单位:mm）

2. 受力检算

制梁台座受力有二个阶段,一是在浇筑期,即混凝土浇筑后初张拉前,梁体自重、台座自重、模板自重及施工荷载均布作用于地基之上;二是预应力张拉之后,由于梁体中部起拱后脱离了底模,梁及部分模板自重作用于两端台座上(相当于单层存梁台座),制梁台座两端局部受压。

1)张拉前

$$W_s = W_1 + W_2 + W_3 + W_4 \tag{3.10}$$

$$\sigma = \frac{K \cdot W_s}{A} = \frac{1.2 W_s}{A} \leqslant [\sigma] \tag{3.11}$$

式中　W_1——单片梁体自重;

　　　　W_2——梁体模板自重;

　　　　W_3——施工荷载;

　　　　W_4——连续墙、地基板自重;

　　　　A——基础整体受力面积;

　　$K=1.2$——安全系数;

　　　　σ——张拉前基础整体受力时的地基平均应力;

　　$[\sigma]$——地基土的承载力地质勘测报告。

2)张拉后

以制梁台座一端为对象进行计算:

$$W_s = W'_1 + W'_3 + W'_4 + n \cdot W_5 \tag{3.12}$$

$$P = \frac{K \cdot W_s}{n} = \frac{1.1 W_s}{n} \leqslant [P] \tag{3.13}$$

式中　W'_1——单片梁每一端的重量;

　　　　W'_3——施工荷载在每一端的重量;

　　　　W'_4——单端存梁台自重;

　　　　W_5——单根桩自重;

　　　　n——单端桩的根数;

　　　　K——安全系数,$K=1.1$;

　　　　P——单根桩所承载的荷载;

　　　$[P]$——单根桩的轴向容许承载力。

存梁台座

1. 存梁台座结构

本任务之 2.2.1 案例一接续:制梁场设存梁台座,有梁台座采用钢筋混凝土扩大基础,基础适当扩大为 2.5 m×7.2 m,基础底面采用桩径 120 cm 的钻孔灌注桩加固,桩间距为 4.5 m,半边存梁台座设置 2 根基桩,单根桩长 31 m。梁体由基础上四个方形墩支撑,梁端两个方形墩采用整体钢筋混凝土基础共同受力。存梁台座结构如图 3.16 所示。

2. 受力检算

单层存梁时:

$$W_s = W_1 + 2n \cdot W_6 + 2n \cdot W_5 + W_7 \tag{3.14}$$

$$P_1 = \frac{K W_s}{2n} \leqslant [P] \tag{3.15}$$

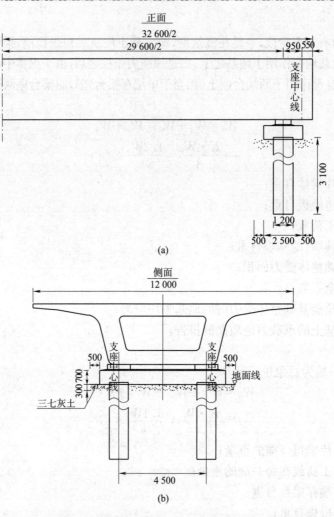

图 3.16　存梁台座端部扩大基础(单位:cm)

式中　W_1——单片梁体自重;

　　　W_6——每根桩端头承台混凝土重;

　　　W_5——单根钻孔桩自重(单层/双层);

　　　W_7——在存梁区,梁体的施工荷载;

　　　n——单端桩的根数;

　　　K——安全系数,$K=1.1$;

　　　P_1——单层存梁每根桩所承载的压力;

　　$[P]$——单根桩的轴向容许承载力。

双层存梁时:

$$W_s = 2W_1 + 2n \cdot W_6 + 2n \cdot W_5 + W_7 \tag{3.16}$$

$$P_2 = \frac{KW_s}{2n} \leqslant [P] \tag{3.17}$$

式中　P_2——双层存梁时每根桩所承载的压力。

台座基础容许承载力计算

《铁路桥涵地基和基础设计规范》(TB 10002.5—2005)指出:单桩的轴向容许承载力应分别按桩身材料强度和岩土的阻力进行计算,取其较小者。按岩土的阻力确定的单桩容许承载力可按下列各式计算。

1. 摩擦桩轴向受压的容许承载力

★ 打入、震动下沉和桩尖爆扩桩的容许承载力

$$[P] = \frac{1}{2}(U \sum \alpha_i f_i l_i + \lambda A R \alpha) \tag{3.18}$$

式中　$[P]$——桩的容许承载力(kN);

　　　　U——桩身截面周长(m);

　　　　l_i——各土层厚度(m);

　　　　A——桩底支承面积(m);

　　　　α_i, α——震动沉桩对各土层桩周摩阻力和桩底承压力的影响系数(表3.1),对于打入桩其值为1.0;

　　　　λ——系数,见表3.2;

　　　　f_i, R——桩周土的极限摩阻力(以 kPa 计)和桩尖土的极限承载力(以 kPa 计),可根据土的物理性质查表3.3和表3.4。

表 3.1　震动下沉桩系数 α_i, α

桩径或边宽	砂类土	粉土	粉质黏土	黏土
$d \leqslant 8$ m	1.1	0.9	0.7	0.6
0.8 m$<d\leqslant$2.0 m	1.0	0.9	0.7	0.6
$d>$2.0 m	0.9	0.7	0.6	0.5

表 3.2　系数 λ

D_P/d ＼ 尖爆扩体处土的种类	砂类土	粉土	粉质黏土 $I_L=0.5$	黏土 $I_L=0.5$
1.0	1.0	1.0	1.0	1.0
1.5	0.95	0.85	0.75	0.70
2.0	0.90	0.80	0.65	0.50
2.5	0.85	0.75	0.50	0.40
3.0	0.80	0.60	0.40	0.30

注:d 为桩身直径,D_P/d 为爆扩桩的爆扩体直径。

表 3.3　桩周土的极限摩阻力(kPa)

土　类	状　态	极限摩擦阻力 f_i
黏性土	$1 \leqslant I_L < 1.5$	15~30
	$0.75 \leqslant I_L < 1$	30~45
	$0.5 \leqslant I_L < 0.75$	45~60
	$0.25 \leqslant I_L < 0.5$	60~75
	$0 \leqslant I_L < 0.25$	75~85
	$I_L < 0$	85~95

土　类	状　态	极限摩擦阻力 f_i
粉土	稍密	20～35
	中密	35～63
	密实	65～80
粉、细砂	稍松	20～35
	稍、中密	35～65
	密实	65～80
中砂	稍、中密	55～75
	密实	75～90
粗砂	稍、中密	70～90
	密实	90～105

表 3.4　桩尖土的极限承载力（kPa）

土　类	状　态	桩尖极限承载力		
黏性土	$1 \leqslant I_L$	1 000		
	$0.65 \leqslant I_L < 1$	1 600		
	$0.35 \leqslant I_L < 0.65$	2 200		
	$I_L < 0.35$	3 000		
		桩尖进入持力层的相对深度		
		$h'/d < 1$	$1 \leqslant h'/d < 4$	$4 \leqslant h'/d$
粉土	中密	1 700	2 000	2 300
	密实	2 500	3 000	3 500
粉砂	中密	2 500	3 000	3 500
	密实	5 000	6 000	7 000
细砂	中密	3 000	3 500	4 000
	密实	5 500	6 500	7 500
中、粗砂	中密	3 500	4 000	4 500
	密实	6 000	7 000	8 000
圆砾土	中密	4 000	4 500	5 000
	密实	7 000	8 000	9 000

注：表中 h' 为桩尖进入持力层的深度（不包括桩靴），d 为桩的直径成边长。

★ 钻（挖）孔灌注桩的容许承载力

$$[P] = \frac{1}{2} U \sum \alpha_i f_i l_i + m_0 A [\sigma] \tag{3.19}$$

式中　$[P]$——桩的容许承载力（kN）；

　　　U——桩身截面周长（m），按成孔桩径计算，通常钻孔桩的成孔桩径按钻头类型分别

　　　　　比设计桩径（即钻头直径）增大下列数值：旋转锥为 30～50 mm；冲击锥为 50～

100 mm;冲抓锥为 100～150 mm;

f_i——各土层的极限摩阻力(kPa),按表3.5采用;

l_i——各土层的厚度(m);

A——桩底支承面积(m^2),按设计桩径计算;

$[\sigma]$——桩底地基土的容许承载力(kPa);

m_0——桩底支承力折减系数。钻孔灌注桩桩底支承力折减系数可按表3.6采用;挖孔灌注桩桩底支承力折减系数可根据具体情况确定,一般可取 $m_0=1.0$。

表 3.5 钻孔灌注桩周极限摩阻力 f_i(kPa)

土的名称	土性状态	极限摩阻力
软 土		12～22
黏性土	流塑	20～35
	软塑	35～55
	硬塑	55～75
粉 土	中密	30～55
	密实	55～70
粉砂、细砂	中密	30～55
	密实	55～70
中砂	中密	45～70
	密实	70～90
粗砂、砾砂	中密	70～90
	密实	90～150
圆砾土、角砾土	中密	90～150
	密实	150～20
碎石土·卵石土	中密	150～220
	密实	220～420

注:(1)漂石土、块石土极限摩阻力可采用 400～600 kPa;
  (2)挖孔灌注桩的极限摩阻力可参照本表采用。

表 3.6 钻孔灌注桩桩底支承力折减系数 m_0

土质及清底情况	m_0		
	$5d<h\leqslant10d$	$10d<h\leqslant25d$	$25d<h\leqslant50d$
土质较好,不易坍塌,清底良好	0.9～0.7	0.7～0.5	0.5～0.4
土质较差,易坍塌,清底稍差	0.7～0.5	0.5～0.4	0.4～0.3
土质差,难以清底	0.5～0.4	0.4～0.3	0.3～0.1

2. 柱桩轴向受压的容许承载力

★ 支承于岩石层上的打入桩、震动下沉桩(包括管柱)的容许承载力

$$[P]=CRA \tag{3.20}$$

式中 $[P]$——桩的容许承载力(kN);

  R——岩石单轴抗压强度(kPa);

  C——系数,匀质无裂缝的岩石层,$C=0.45$;有严重裂缝的、风化的或易软化的岩石层,$C=0.30$;

A——桩底面积(m^2)。

★ 支承于岩石层上与嵌入岩石层内的钻(挖)孔灌注桩及管桩的容许承载力

$$[P]=R(C_1A+C_2Uh) \tag{3.21}$$

式中　$[P]$——桩及管柱的容许承载力(kN);

　　　U——嵌入岩石层内的桩及管柱的钻孔周长;

　　　h——自新鲜岩石面(平均高程)算起的嵌入深度;

　　　C_1,C_2——系数,根据岩石层破碎程度和清底情况决定,按表3.7采用;

其余符号意义同前。

表3.7　系数 C_1、C_2

岩石层及清底情况	C_1	C_2
良 好	0.5	0.04
一 般	0.4	0.03
较 差	0.3	0.02

2.3　工程检算案例

工程概况

某梁场占地面积约 187.8 亩,位于线路右侧。制梁场承担 DK285＋903～DK306＋829.56 范围内 642 孔箱梁预制工程,其中 32 m 箱梁 628 孔,24 m 箱梁 14 孔。

梁场采用横向布置、搬运机搬梁方式,制梁场主要包括钢筋加工区、砂石料场、拌和站、制梁台座、存梁台座、生活办公区。箱梁模板采用整体式钢模板,外侧模与底模按1:1配置,内模采用液压结构;梁体底、腹板钢筋和顶板钢筋分别在专用绑扎胎模上集中预扎,然后整体吊装;混凝土采用三套拌和站生产,输送泵加布料机布料灌筑,一次灌筑成型,冬期施工采用蒸汽养生混凝土;箱梁初张拉后用搬运机搬运至存梁区,终张拉后灌浆、封锚。

施工工艺

后张法箱梁预制施工工艺流程如图3.17所示。

台座结构

制梁台座:单端各设置两根直径 1.0 m、长 31 m 的钻孔桩,桩基础上设置长 5.7 m×宽 2.5 m×高 1.5 m 的承台,中间为双 U 形条形基础,条形基础与承台隔开,见图3.18、图3.19、图3.20。

存梁台座:单端设置两根钻孔桩,在桩头设置一个独立的承台,作为支撑垫石的平台,对桩基只承受竖直荷载,只需对桩基承载力进行计算,单层存梁桩长 28 m,直径 1.0 m;双层存梁桩长 42 m,直径 1.2 m。

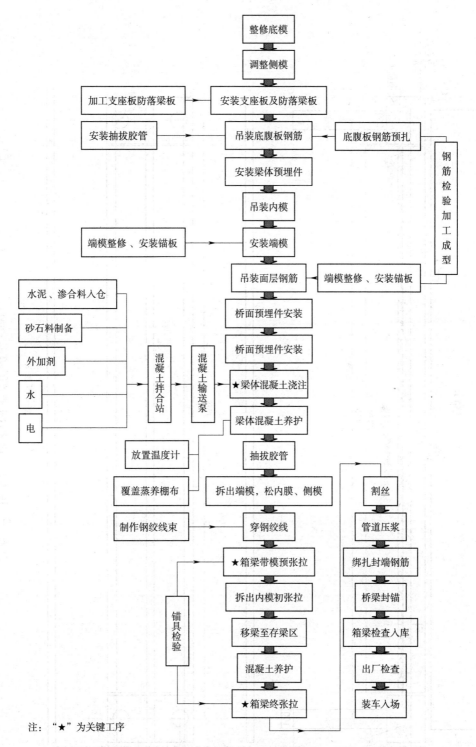

注："★"为关键工序

图 3.17 施工工艺流程图

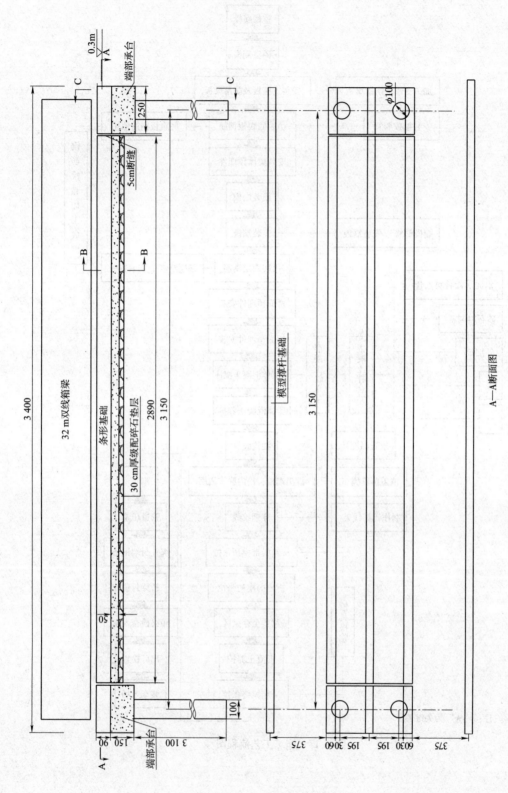

图 3.18　制梁台座布置图（单位：cm）

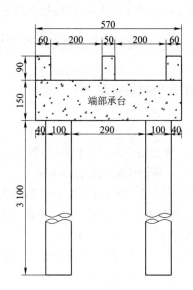

图 3.19　桩基础承台(图 3.18 的 C—C 断面)(单位:cm)

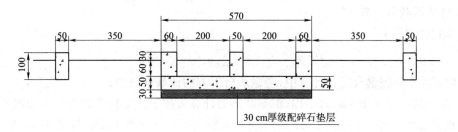

图 3.20　中间双 U 形条形基础(图 3.18 的 B—B 断面)(单位:cm)

台座检算

1. 制梁台座基础检算

1)荷载确定

(1)单片梁体自重 W_1＝9 000 kN;

(2)制梁过程中内模型和底模共重 W_2＝3 000 kN;

(3)施工荷载 W_3＝500 kN。

(4)混凝土容重取 25 kN/m³。

(5)根据地质勘测报告,地基土的承载力为 $[\sigma]$＝120 kPa。

2)受力计算

(1)张拉前

双 U 形基础自重

$$W_4＝28.9×[0.5×5.7+0.9×(0.6+0.5+0.6)]×25＝3\ 165(kN)$$

由式(3.10)有

$$W_s＝W_1＋W_2＋W_3＋W_4＝9\ 000＋3\ 000＋500＋3\ 165＝15\ 665(kN)$$

取安全系数 1.2,则 $W＝1.2×W_s＝15\ 665×1.2＝18\ 798(kN)$

张拉前基础整体受力（长 32.6 m，宽 5.7 m），故地基平均应力：

$$\sigma = \frac{W}{A} = \frac{18\,798}{32.6 \times 5.7} = 101.2 \text{ kPa} < [\sigma] = 120 \text{ kPa}$$

（2）张拉后

张拉后，由于梁体上拱，制梁台座两端局部受压。

① 荷载计算

以制梁台座一端为对象进行计算：

单片梁每一端重　　　　　　　$W_1' = 9\,000/2 = 4\,500(\text{kN})$

施工荷载每一端重　　　　　　$W_3' = 500/2 = 250(\text{kN})$

单端存台自重　　　　$W_4' = 25 \times 1.5 \times 5.7 \times 2.5 = 534(\text{kN})$

单根钻孔桩自重　　$W_5 = 25 \times 3.14 \times 0.5^2 \times 31 = 608.4(\text{kN})$

所以由式（3.12）有，单端总荷载

$$W_s = W_1' + W_3' + W_4' + 2W_5 = 6\,501(\text{kN})$$

考虑安全系数 1.1，则　　　　　$W = 1.1 \times W_s = 7\,151(\text{kN})$

单根钻孔桩所承载的荷载　　$P = 7\,151/2 = 3\,575(\text{kN})$

外模重量合计重 $W_2 = 1\,500$ kN，平均分配到地基础上，未作用在制梁台座上。

② 桩基承载力计算

根据式（3.18）有

$$[P] = 0.8 \times (U \sum \alpha_i f_i l_i + \lambda A R \alpha)$$

说明：① 本例制梁台座在计算中，考虑承台下方的地基承载力；

② 本例制梁台座作为临时工程，桩基摩擦力计算未按正式工程系数取 0.5 而取了 0.8。

桩周长 $U = 1 \times 3.14 = 3.14$ m，$\lambda = 1$，$A = 3.14 \times 0.5^2$，$R = 800$ kPa（桩底 31 m 处），$\alpha = 1$，台座下地质情况（土层厚度）见表 3.8 所示，则单桩承载力：

$$[P] = 0.8 \times (U \sum \alpha_i f_i l_i + \lambda A R \alpha) = 0.8 \times [3.14 \times 1 \times (3.5 \times 38 + 1.5 \times 35 + 2.5 \times 40 + 5 \times$$
$$35 + 3 \times 38 + 2.7 \times 40 + 6.7 \times 45 + 5.3 \times 47 + 0.8 \times$$
$$50) + 3.14 \times 0.5^2 \times 800] = 3\,700(\text{kN}) > P = 3\,575 \text{ kN}$$

设置桩径为 1 m、长 31 m 的钻孔桩基础能满足承载力要求。

表 3.8　土层厚度及桩端、桩周的极限承载力

基土各土层桩基参数表					
层　次	岩　性	厚　度	累计厚度	桩端极限承载力（kPa）	桩周极限摩擦阻力（kPa）
1	粉土	3.5	3.5	0	38
2	粉质黏土	1.5	5.0	0	35
3	粉土	2.5	7.5	0	40
4	粉质黏土	5.0	12.5	0	35
5	粉土	3.0	15.5	0	38
6	黏土	2.7	18.2	0	40
7	粉土	6.7	24.9	750	45

基土各土层桩基参数表

层次	岩性	厚度	累计厚度	桩端极限承载力（kPa）	桩周极限摩擦阻力（kPa）
8	黏土	5.3	24.9	750	47
9	粉土	2.7	31.0/32.9	800	50
10	粉质黏土	2.4	35.3	800	45
11	粉土	4.7	43	900	55

备注：第11工程地质层钻孔40 m未揭穿，桩长超出部分按第11层参数计算

2. 存梁台座基础检算

1）荷载确定

(1) 单片梁体自重 $W_1 = 9\,000$ kN；

(2) 制梁过程中内模型和底模共重 $W_2 = 3\,000$ kN；

(3) 施工荷载 $W_3 = 500$ kN。

2）受力计算

(1) 荷载计算

每根桩端头承台混凝土重（尺寸 1.5 m$\times 1.5$ m$\times 1.5$ m）

$$W_6 = 25 \times 1.5 \times 1.5 \times 1.5 = 84\,(\text{kN})$$

单层存梁时单根钻孔桩自重

$$W_6 = 25 \times 3.14 \times 0.5^2 \times 28 = 550\,(\text{kN})$$

在存梁区，梁体的施工荷载　　　　　$W_7 = 50$ kN

单层存梁总荷载由式(3.14)得

$$W_{总} = W_1 + 4W_6 + 4W_5 + W_7 = 11\,586\,(\text{kN})$$

取安全系数为 1.1，则计算荷载　　$W = 1.1W_{总} = 12\,745\,(\text{kN})$

单层存梁每根桩所承载的压力

$$P_1 = W/4 = 12\,745/4 = 3\,186\,(\text{kN})$$

双层存梁时单根钻孔桩自重

$$W_5' = 25 \times 3.14 \times 0.6^2 \times 42 = 1\,187\,(\text{kN})$$

双层存梁总荷载由式(3.16)得

$$W_s = 2W_1 + 4W_6 + 4W_5 + W_7 = 23\,134\,(\text{kN})$$

取安全系数为 1.1，则计算荷载　　$W = 1.1W_s = 25\,447\,(\text{kN})$

双层存梁每根桩所承载的压力

$$P_2 = W/4 = 25\,447/4 = 6\,362\,(\text{kN})$$

(2) 桩基承载力检算

① 单层存梁判断

桩长 28 m，查表 3.8 对应的 $R = 750$ kPa，根据式(3.18)及表 3.8 有

$$[P] = 0.8 \times (U\sum \alpha_i f_i l_i + \lambda A R_\alpha) = 0.8 \times [3.14 \times 1 \times (3.5 \times 38 + 1.5 \times 35 + 2.5 \times 40 + 5 \times$$

$$35 + 3 \times 38 + 2.7 \times 40 + 6.7 \times 45 + 3.1 \times 47) + 3.14 \times$$

$$0.5^2 \times 750] = 3\,309 \text{ kN} > P_1 = 3\,186 \text{ kN}$$

设置长 28 m 直径为 1 m 的桩能满足 32 m 梁体单层存梁荷载要求。

②双层存梁判断

桩长 42 m,查表 3.8 对应的 $R=900$ kPa,则

$$
\begin{aligned}
[P] &= 0.8 \times (U \sum \alpha_i f_i l_i + \lambda A R \alpha) = 0.8 \times [3.14 \times 1.2 \times (3.5 \times 38 + 1.5 \times 35 + 2.5 \times 40 + \\
&\quad 5 \times 35 + 3 \times 38 + 2.7 \times 40 + 6.7 \times 45 + 5.3 \times 47 + 2.7 \times \\
&\quad 50 + 2.4 \times 45 + 6.7 \times 55) + 3.14 \times 0.6^2 \times 900] \\
&= 6\,374(\text{kN}) > P_2 = 6\,362 \text{ kN}
\end{aligned}
$$

设置长 42 m 直径为 1.2 m 的桩能满足 32 m 双层存梁荷载要求。

实训项目

学生通过本实训项目的学习,能使用计算软件绘制钢横梁的内力图。现利用计算软件对下列各检算项目进行训练:

(1)钢横梁的强度检算

(2)钢横梁的刚度检算

在本实训项目中,采用的是相邻传力柱最大跨径为 304.5 cm 计算,钢横梁检算的结构形式按简支梁考虑的。现在重新考虑钢横梁为 6 跨连续梁,如图 3.21 所示,使用 Ansys 或 Midas Civil 计算软件进行检算。

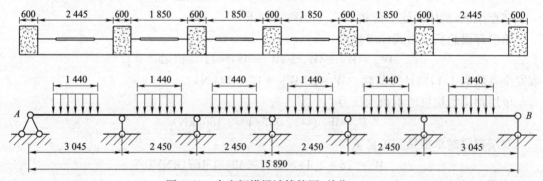

图 3.21　台座钢横梁计算简图(单位:mm)

取安全系数 $K=1.30$,各个槽内的均布荷载:

$$
q = \frac{1.3 \times 3\,102.48 \times 10^3}{1.44 \times 10^3} = 2\,800.85(\text{N/mm})
$$

1. 强度检算

使用 Ansys 计算软件绘制的弯矩图和剪力图见图 3.22 和图 3.23。

由图 3.21 可知,跨中 $M_{max}=0.171 \times 10^{10}$ kN · m,故跨中最大弯曲应力:

$$
\sigma = \frac{M_{max}}{W} = \frac{0.171 \times 10^{10}}{3.813\,2 \times 10^9} \times \frac{600}{2} = 134.54 \text{ MPa} < [\sigma] = 205 \text{ MPa (强度满足要求)}
$$

由图 3.22 可知,$Q_{max}=0.258 \times 10^7$ kN,故平均剪应力:

$$\tau = \frac{Q_{max}}{A} = \frac{0.258 \times 10^7}{63\ 108.7} = 40.88 (\text{MPa}) < [\tau] = 125\ \text{MPa}\ (\text{强度满足要求})$$

2. 刚度检算

由 Ansys 软件绘制的挠度图见图 3.24。由图中知跨中最大挠度 $f = 1.51$ mm $< l/400 =$ 7.61 mm,刚度满足要求。

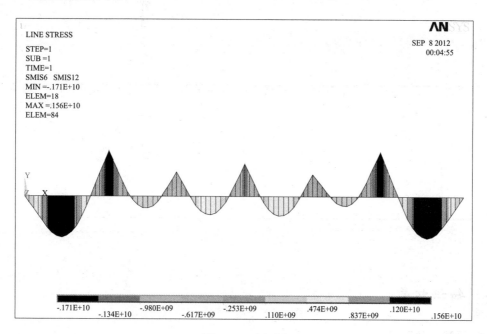

图 3.22　弯矩图

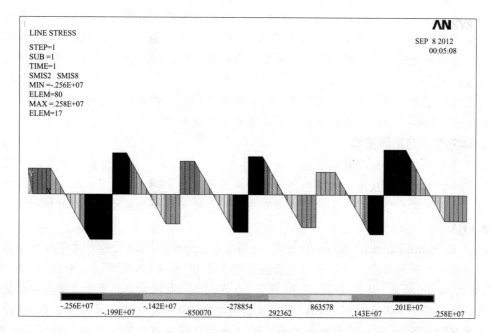

图 3.23　剪力图

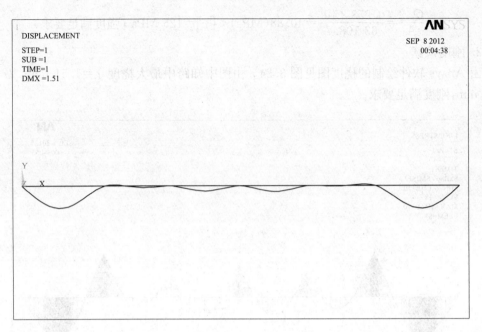

图 3.24　挠度图

 知识拓展

1. 无黏结预应力

无黏结预应力技术和后张法一样,但是预应力筋与混凝土不直接接触,与被施加预应力的混凝土之间可保持相对滑动,处于无黏结的状态,预应力全部由两端的锚具传递。无黏结预应力筋是带防腐隔离层和外护套的专用预应力筋,可以是钢绞线、钢丝束或其他高强预应力钢筋。外护套一般是用高密度聚乙烯挤塑成型的塑料管,塑料管与钢筋之间采用防锈、防腐润滑油脂涂层。

无黏结预应力混凝土已在国内外建筑工程中广泛应用。近年来,无黏结预应力技术又有了新的发展,特别在大柱网、大跨度的无梁楼盖中应用越来越广泛。

2. 体外预应力加固技术

体外预应力结构的概念最早产生于法国,体外预应力体系是后张预应力体系的重要分支之一。体外预应力加固技术作为结构加固最有效的手段之一,目前正广泛地应用于旧桥加固等方面。它使用完全位于构件主体截面以外的预应力束来对构件施加预应力的结构体系。

3. FEA

FEA 是 Finite Element Analysis 的简写,即有限元分析。FEA 是结构力学分析迅速发展起来的一种现代计算方法。有限元方法已经应用于土建、桥梁、水工、机械、电机、冶金、造船、飞机、导弹、宇航、核能、地震、物探、气象、渗流、水声、力学、物理学等几乎所有的科学研究和工程技术领域。基于有限元分析(FEA)算法编制的软件,即所谓的有限元分析软件,经过了几十年的发展和完善,各种专用的和通用的有限元软件已经使有限元方法转化为社会生产力。常见通用有限元软件包括 LUSAS、MSC、Ansys、Abaqus、Algor、Femap/NX Nastran、Hy-

permesh、COMSOL Multiphysics、FEPG 等等。有限元分析软件目前最流行的有：ANSYS、ADINA、ABAQUS、MSC 四个比较知名的公司。

项目小结

1. 先张法一般用于预制构件厂生产定型的中小型构件，可采用台座法和机组流水法生产。先张法台座由台面、横梁和承力结构等组成，包括墩式台座、槽式台座。

2. 墩式台座由台墩、台面与横梁等组成，台墩和台面共同承受拉力；槽式台座由台面、传力柱、横梁、横系梁组成。槽式台座既可承受拉力，又可作蒸汽养护槽，适用于张拉吨位较高的大型构件。

3. 槽式台座需进行强度和稳定性检算。传力柱的强度按钢筋混凝土结构单向偏心受压构件进行检算。

4. 偏心受力构件类型包括单向偏心受力构件和双向偏心受力构件。单向偏心受力构件：纵向力作用点仅对构件截面的一个主轴有偏心距。偏心受力构件破坏形态有大偏心受压破坏（拉压破坏）和小偏心受压破坏（受压破坏）。大、小偏心受压构件判别条件是：当 $\xi \leqslant \xi_b$ 时，为大偏心受压；当 $\xi > \xi_b$ 时，为小偏心受压。

5. 制梁台座主要由三部分组成：连续墙、地基板（梁板式基础）和桩基础，有时制梁台座两端为钢筋混凝土扩大基础。单桩的轴向容许承载力应分别按桩身材料强度和岩土的阻力进行计算，取其较小者。

6. 制梁台座受力有两个阶段：一是在浇筑期，即混凝土浇筑后初张拉前，梁体自重、台座自重、模板自重及施工荷载均布作用于地基之上；二是预应力张拉之后，由于梁体中部起拱后脱离了底模，梁及部分模板自重作用于两端台座上（相当于单层存梁台座），制梁台座两端局部受压。

7. 台座基础容许承载力计算：单桩的轴向容许承载力应分别按桩身材料强度和岩土的阻力进行计算，取其较小者。

复习思考题

1. 简述先张法台座的组成及主要适用范围。
2. 简述槽式台座的组成情况。
3. 简述制梁台座与存梁台座主要组成。
4. 台座基础容许承载力如何计算？
5. 传力柱检算包括哪些内容？
6. 钢横梁检算包括哪些内容？
7. 传力柱承载力检算按照单筋矩形截面梁还是按照双筋矩形截面梁进行？为什么？
8. 求解钢横梁横截面惯性矩时，是否用到平行移轴公式？为什么？
9. 在任务 1 中，检算为何采用最大跨径的相邻传力柱？
10. 制梁台座、存梁台座的结构构造有何特点？
11. 在后张法中，预应力筋张拉后制梁台座的中部和两端所承受的梁体压力大小有何特点?

12. 钢横梁的结构形式具有哪些特点?

13. 根据计算简图,钢横梁是静定结构还是超静定结构,如果是后者,那么是几次超静定?

14. 台座桩基础承载力的计算依据是什么?

15. 根据施工工艺流程图回答模板安装与混凝土浇筑之间的顺序关系?

16. 试解释张拉后制梁台座单端总荷载为何没有包含模板重量?

项目 4 悬浇挂篮墩梁临时固结检算

项目描述

本项目介绍了预应力混凝土连续梁墩梁临时固结结构的要求及类型。

在工程检算案例中,对 0 号块 T 构临时固结结构(墩身范围内固结)进行了混凝土强度、抗倾覆能力的检算。

学习目标

1. 能力目标
(1)能够进行墩梁临时固结内力检算;
(2)能够进行临时固结结构的抗倾覆检算;
(3)能够编制检算书。
2. 知识目标
(1)掌握体内外固结、体内外组合的临时固结形式;
(2)掌握组合变形的强度计算公式。

任务 T 构临时固结检算

1.1 工作任务

学生通过本任务的学习,能够进行以下内容的检算:
(1)临时固结结构的强度检算;
(2)临时固结结构的抗倾覆检算。

1.2 相关配套知识

有关概念解释
(1)连续梁:沿梁长方向有三处或三处以上由支座支承的梁。
(2)连续刚构:梁与中间墩刚性连接的连续梁结构。
(3)悬臂浇筑法:在桥墩两侧设置工作平台,平衡地逐段向跨中悬臂浇筑混凝土梁体,并逐段施加预应力的施工方法。
(4)0 号梁段:包括墩顶梁段和安装挂篮前的悬臂梁段,应采用在托(支)架上立模现浇施工,如图 4.1 所示。
(5)支架:墩(台)顶梁段及附近梁段施工时,根据墩(台)高度、承台形式和地形情况,分别

图4.1　0号梁段

支承在地面上或承台上的用型钢或万能杆件等拼制的支架,如图4.2所示。

图4.2　0号梁段支架

(6)托架:墩顶梁段及附近梁段施工时,利用墩身预埋件与型钢或万能杆件拼制连接而成的支架,如图4.3所示。

图4.3　0号梁段托架

(7)挂篮:用悬臂浇筑法浇筑斜拉、刚构、连续梁等混凝土梁时,经特殊设计,用于承受施工荷载及梁体自重,并能逐段向前移动的施工设备。主要组成部分有承重系统、提升系统、锚固系统、行走系统、模板及支架系统,如图4.4所示。

(8)施工荷载：施工阶段为验算桥梁结构或构件安全度所考虑的临时荷载，如结构重力、施工设备、人群、风力、拱桥单向推力等。

图4.4 挂篮

悬臂浇筑施工方法的适用条件：适合跨越江河、深谷、交通道路、桥位地质不良等条件下的高墩、大跨度混凝土连续梁（刚构）。悬臂浇筑的一般施工方法如下：

(1)墩顶梁段与桥墩实施临时固结（连续刚构墩顶梁段与桥墩整体浇筑），形成T构施工单元；

(2)采用挂蓝在T构两侧按设计梁段长度对称浇筑混凝土；

(3)在梁段混凝土达到设计要求的强度后施加预应力；

(4)将挂篮前移进行下一梁段施工，直到T构两侧全部对称梁段浇筑完成；

(5)边跨非对称梁段一般采用支架法现浇施工；

(6)按设计要求合龙顺序进行合龙梁段现浇施工；

(7)实现梁体结构体系转换，使全桥连接成为连续结构（刚构）。

临时固结要求

《铁路预应力混凝土连续梁（刚构）悬臂浇筑施工技术指南》（TZ 324—2010）有以下规定：

(1)混凝土连续梁临时支座（临时固结支座）既要求能在永久支座不承受压力情况下承受梁体压力和施工过程中的不平衡弯矩，又要求在承受荷载情况下容易拆除，宜采用在桥墩顶面永久支座两侧对称设置临时支座方式支撑悬臂浇筑梁体。当因桥墩长度较短或0号梁段悬臂较长时，可采用在桥墩纵向两侧设置临时支架支承悬臂浇筑梁体，其抗倾覆稳定系数不得小于1.5。

(2)连续梁墩顶临时支座，应对称设置在永久支座两侧的箱梁腹板处。每一桥墩上设置临时支座的数量、承载能力及结构尺寸等，应根据梁底宽度及腹板数量经设计计算确定（一般设置4个临时支座）。

(3)墩顶临时支座应在0号梁段立模前安装完毕，每一墩顶的各临时支座顶面高程应符合设计要求。

(4)墩顶临时支座可采用强度等级不小于C40的钢筋混凝土块或在上下两块钢筋混凝土块中间夹垫厚度约为10 cm的硫磺砂浆结构。

(5)墩顶临时支座应按设计要求设置钢筋或型钢，使其与梁、墩相连接。桥墩施工时应按设计要求准确预埋竖向连接钢筋，设置水平钢筋网，确保墩顶梁段与桥墩的临时固结符合设计要求。

(6)墩顶梁段与桥墩的临时固结,当设计采用在桥墩内设置锚固钢筋与梁体实施预应力张拉连接时,桥墩施工时应按设计要求准确定位预埋竖向连接钢筋,竖向连接钢筋安装的隔离套管应严密不漏浆。

临时固结结构

墩梁临时固结(T构)的结构方式,对墩身来说,可以分为墩身范围内固结[图4.5(a)]、墩身范围外固结[图4.5(b)]和墩身范围内外组合固结[图4.5(c)]的方式。墩身范围内固结方式在墩顶设置临时支墩和抗倾覆锚固索;墩身范围外固结方式在墩身外设置临时支撑柱和抗倾覆锚固索。抗倾覆锚固索可采用预埋粗钢筋锚、精轧螺纹钢筋以及预应力钢绞线;墩身范围内外组合固结方式是上述两种方式的有机组合。

墩梁临时固结(T构)结构是由临时支撑和临时锚固索两部分组成的组合结构,即具有支撑和反拉锚固的双重作用。墩梁临时固结(T构)结构必须形成刚性体系,能承受中支点处最大不平衡弯矩、竖向支点反力以及曲线向心倾覆弯矩。

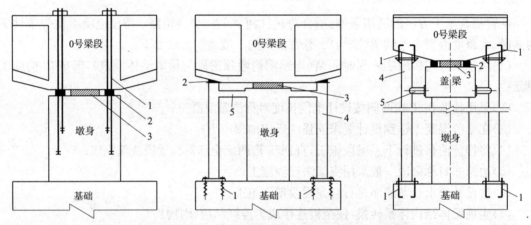

图4.5 墩身范围内、墩身范围外与墩身范围内外组合固结

1—锚固筋;2—临时支座;3—永久支座;4—钢管支撑柱;5—水平钢管支撑

1. 墩身范围内固结

在墩身顶面与箱梁底部设置刚性连接结构。刚性连接结构大多为C30~C55的钢筋混凝土临时支墩。临时支座布置在墩顶顺桥向支座的两侧位置,一般宽度0.6 m左右,高度大约0.5~0.7 m。连续梁与墩身的固结采用预埋粗钢筋或者粗预应力钢筋。锚固钢筋下端预埋在墩身内,上端埋在0号梁段内。粗钢筋一般采用$\phi25$或$\phi32$螺纹钢筋,预应力钢筋一般采用$\phi32$轧丝锚或精轧螺纹钢筋。若采用预应力钢筋时,钢筋在穿过0号梁段的梁身一段,需要对锚固钢筋增设隔离套管,以便施加预应力时自由伸缩。待0号梁段混凝土强度达到设计强度后对锚固筋施预拉力,使0号梁段与墩身锁固成一体。

2. 墩身范围外固结

在承台上安装临时支架(钢管或钢管混凝土柱、钢筋混凝土支撑柱),其位置对应于箱梁腹板的梁底位置,并且上端与梁身、下端与承台均进行锚固,或者增加墩身外钢索,达到支撑与反拉的抗倾覆作用,同时在墩身设置水平支撑桁架,约束上端相对位移。

3. 墩身范围内外组合固结

若墩身截面较小、刚度小,T构倾覆抗弯能力差,施工固结可采用墩身范围内与墩身范围

外相组合的临时固结结构,即在墩顶设混凝土临时支座,充分利用墩身的抗压能力;在墩外承台上设临时支架(钢管柱),承担 T 构倾覆的反拉(锚固)作用。

临时固结计算

按《铁路预应力混凝土连续梁(刚构)悬臂浇筑施工技术指南》(TZ 324—2010)的要求:临时固结支座能在永久支座不承受压力情况下承受梁体压力 N 和施工过程中不平衡弯矩 $M_{倾}$,在桥墩顶面永久支座两侧对称设置临时支座支撑悬臂浇筑梁体,如图 4.6(a)、(b)所示;当桥墩长度较短或 0 号梁段悬臂较长时,可采用在桥墩纵向两侧设置临时支架支承悬臂浇筑梁体,如图 4.6(c)、(d)。

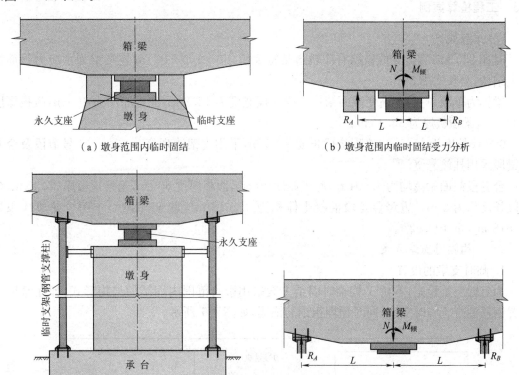

（a）墩身范围内临时固结　　　　　　（b）墩身范围内临时固结受力分析

（c）墩身范围外临时固结　　　　　　（d）墩身范围外临时固结受力分析

图 4.6　0 号梁段临时固结及受力分析

根据平面力系平衡条件:

$$\begin{cases} \sum X = 0 \\ \sum M = 0 \end{cases} \Rightarrow \begin{cases} R_A + R_B = N \\ M_{倾} + 2L \cdot R_A = L \cdot N \end{cases}$$

所以有:

$$\begin{cases} R_A = \dfrac{L \cdot N - M_{倾}}{2L} \\[3mm] R_B = \dfrac{L \cdot N + M_{倾}}{2L} \end{cases}$$

不平衡弯矩 $M_{倾}$ 的计算,可参考以下因素:

(1)T 构一侧混凝土自重超灌 5%;

(2)T构两侧施工荷载摆放不均,一侧为 3.216 kN/m,另一侧为 6.432 kN/m;

(3)T构两侧节段混凝土浇筑不同步,偏差 20 t 以下;

(4)T构一侧风力向下吹(或另一侧向上吹)$w=800$ Pa;

(5)挂篮考虑重力系数一侧为 1.2,另一侧为 0.8;

(6)挂篮不同步走行,考虑挂篮的自重。

墩梁 T 构倒塌的最大倾覆弯矩是挂篮悬臂到最后节段时,挂篮连同未凝固混凝土一起坠落。此倾覆弯矩对临时支座会产生拉应力,应该设置抗拉锚固钢筋。

1.3 工程检算案例

工程概况

时速 250 km 客运专线铁路有砟轨道某特大桥(60+100+60)m 连续梁为预应力钢筋混凝土结构,全长 221.8 m。

梁体为单箱单室,变高变截面结构。梁顶板宽度为 12.2 m,底板厚度为 40 cm,腹板厚度为 60 cm,梁顶板厚为 35.4 cm。

0 号块长度为 14 m,边跨现浇段长度 9.75 m,采用支架法现浇。1 号~13 号节段及合龙段梁段采用挂篮悬浇。

合龙段截面梁高均为 4.604 m,底板厚度 40 cm,腹板厚度 60 cm,箱梁顶板厚 35.4 cm,合龙段长度均为 2 m。边跨合龙段混凝土体积为 25.018 m³,重 65.046 t,中跨合龙段体积为 38.818 m³,重 100.92 t。

构临时固结方案

1. 临时支墩的设置

为悬臂浇筑稳定,本桥 T 构临时固结方案采用墩身范围内固结的结构形式:即在墩顶上设置钢筋混凝土临时支座,同时预埋粗钢筋锚固,如图 4.7 所示。

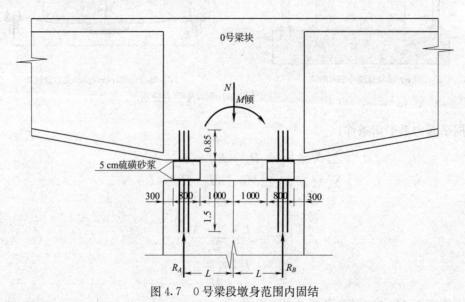

图 4.7　0 号梁段墩身范围内固结

临时固结支座采用 C50 钢筋混凝土块体,尺寸 2.88 m×0.8 m,分列支撑垫石两侧。两临

时支座间距 $2L＝3.15$ m，一侧临时支座受压面积 $2A＝2×2.88×0.8＝4.608$ m²，如图 4.8 所示。为方便拆除，临时支座上下各设置 1 层 5 cm 厚同强度硫磺砂浆，并在临时支座内设置锚筋，每个临时支座均采用 105 根 3 m 长 $\phi32$ mm 钢筋，锚入墩内 1.5 m，锚入梁内 0.85 m。

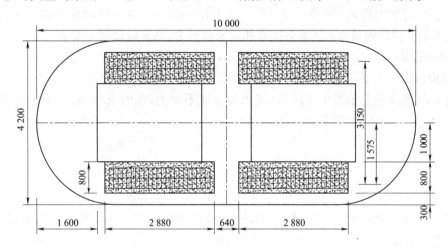

图 4.8　支撑墩的横截面

2. 抗拉锚固钢筋的设置

临时锚固钢筋采用直径 32 mm 的 HRB335 级钢筋，抗拉强度设计值 $f_y＝300$ MPa。每侧临时支撑墩内布置 $n＝2×105＝210$ 根锚固钢筋，一个 T 构共计布置 420 根，按设计要求布置在对应箱梁腹板处，如图 4.8 所示。墩梁临时锚固类见图 4.9。

图 4.9　墩梁临时锚固

根据最大倾覆荷载的内力计算结果，即使临时支座没有倾覆拉力，从理论上讲不需要锚固，但也要考虑 T 构的安全与稳定，采取抗扭转、抗平移锚固措施，预埋粗钢筋或者粗预应力钢筋，使 0 号梁段与墩身锁固成一体。

临时支座属于轴心受压构件，按混凝土结构设计原理，其长细比很小，属于矮柱结构，受压长细比折减系数 $\varphi＝1$。

固结荷载

该续梁的设计说明书中，对墩梁临时固结措施的要求是："临时固结措施，应能承受中支点处最大不平衡弯矩 56 557 kN·m 和相应竖向反力 51 430 kN。此不平衡弯矩未考虑一侧挂篮突然坠落的情况，施工中应加强挂篮锚固，杜绝发生此类事故。临时锚固措施一般可采取墩顶临时固结、在墩旁设置临时墩等方式,施工单位应结合具体荷载进行计算和检算,并相应设计临时锚固措施,其材料及构造由施工单位自行设计确定。"

为了确保施工安全,选取最不利因素工况计算倾覆荷载。极端不利工况为挂篮连带最后混凝土节段坠落,此时的最大不平衡弯矩 $M=122\ 881.1$ kN·m,相应竖向反力 $N=57\ 026$ kN。此荷载大于设计给出的最大不平衡弯矩和相应竖向反力,能够确保施工安全。

固结检算

1. 结构内力

临时支座结构受力如图 4.7 所示,视永久支座不受力,临时支座 A、B 支撑力的计算公式为:

$$\begin{cases} R_A+R_B=N \\ LR_B=M_倾+LR_A \end{cases} \Rightarrow \begin{cases} R_A=\dfrac{N\cdot L-M_倾}{2L} \\ R_B=\dfrac{N\cdot L+M_倾}{2L} \end{cases}$$

考虑 2 倍的安全系数时,将 $M_倾=2M=2\times122\ 881.1$ kN·m、$N=57\ 026$ kN 和 $L=1.575$ m 代入上式得:

$$\begin{cases} R_A=-49\ 507(\text{kN}) \quad (拉) \\ R_B=+106\ 533(\text{kN}) \quad (压) \end{cases}$$

2. 混凝土强度检算

临时支座 B 的压应力:

$$\sigma_B=\frac{R_B}{2A}=\frac{106\ 533\times10^3}{2\times800\times2\ 880}=23.1(\text{MPa})$$

可见,在未考虑钢筋的情况下,压应力刚达到 C50 混凝土轴心抗压强度设计值23.1 MPa,强度满足要求。

3. 抗倾覆检算

临时锚固钢筋采用直径 32 mm 的 HRB335 级钢筋,抗拉强度设计值 $f_y=300$ MPa,面积 $A_1=804.2$ mm^2,每侧临时支撑墩内布置 $n=210$ 根。

$$|R_A|=49\ 507\ \text{kN}\leqslant[N]=nA_1\cdot f_y=210\times804.2\times300=50\ 665(\text{kN})$$

可见,墩梁锚固钢筋的配置能适应最大拉力;临时支座可以满足抗压、抗倾覆要求。

 知识拓展

1. 刚构桥介绍

刚构桥(rigid frame bridge)是梁和腿或墩(台)身构成刚性连接的桥梁。结构形式有门式刚构桥、斜腿刚构桥、T 形刚构桥和连续刚构桥。

(1)门式刚构桥。其腿和梁垂直相交呈门形构造,可分为单跨门构、双悬臂单跨门构、多跨门构和三跨两腿门构桥。前三种跨越能力不大,适用于跨线桥;三跨两腿门构桥,当在两端设有桥台,并采用预应力混凝土结构建造时,跨越能力可达 200 多米。

(2)斜腿刚构桥。桥墩为斜向支撑的刚构桥,腿和梁所受的弯矩比同跨径的门式刚构桥显著减小,而轴向压力有所增加,跨越能力较大,适用于峡谷桥和高等级公路的跨线桥。如安康

汉江铁路桥(1982 年建成),腿趾间距 176 m。

(3)T 形刚构桥。上部结构可为箱梁、桁架或桁拱,与墩固结形成整体,桥型美观、宏伟、轻型,适用于大跨悬臂平衡施工,可无支架跨越深水急流,避免下部施工困难或中断航运,也不需要体系转换,施工简便。T 形刚构可分为带挂梁结构的 T 形刚构桥和带剪力铰结构的 T 形刚构桥。

(4)连续刚构桥。分主跨为连续梁的多跨刚构桥和多跨连续刚构桥两种,均采用预应力混凝土结构,有两个以上主墩采用墩梁固结,具有 T 形刚构桥的优点。多跨连续刚构桥则在主跨跨中设铰接,两侧跨径为连续体系,可利用边跨连续梁的重量使 T 构做成不等长悬臂,以加大主跨的跨径。

2. 连续梁、刚构、T 构的区别

连续梁是指两跨以上的铰接支座梁跨结构;刚构是指通过刚性连接而无铰接的桥跨结构,分为单跨刚构和多跨连续刚构。T 构是指悬臂浇筑连续梁或者连续刚构没有合龙以前的结构形态,以象形的英文字母"T"取名。任何 T 构合龙以后,均不能称为 T 构,T 构存在于特定的施工阶段。

项目小结

1. 悬臂浇筑法是指在桥墩两侧设置工作平台,逐段、均衡地向跨中悬臂浇筑混凝土梁体,并逐段施加预应力的施工方法;墩梁临时固结(T 构)的结构方式,对墩身来说,可分为墩身范围内固结、墩身范围外固结和墩身范围内外组合固结的方式。

2. T 构临时固结方案采用墩身范围内固结的结构形式,即在墩顶上设置钢筋混凝土临时支撑墩(临时支座),同时预埋粗钢筋锚固。

3. 即使临时支座没有倾覆拉力,从理论上讲不需要锚固,但也要考虑 T 构的安全与稳定,采取抗扭转、抗平移锚固措施,预埋粗钢筋或者粗预应力钢筋,使 0 号梁段与墩身锁固成一体。

4. 为了确保施工安全,选取最不利因素工况计算倾覆荷载。极端不利工况为挂篮连带最后混凝土节段坠落,此时的最大不平衡弯矩和相应竖向反力大于设计给出的最大不平衡弯矩和相应竖向反力,能够确保施工安全。

5. 临时固结检算的内容包括:固结结构内力、临时支座混凝土强度检算和临时固结结构的抗倾覆检算。

复习思考题

1. 什么是悬臂浇筑法? 什么是托架、支架?

2. 《铁路预应力混凝土连续梁(刚构)悬臂浇筑施工技术指南》(TZ 324—2010)对临时固结支座的规定是什么?

3. 墩梁临时固结(T 构)的结构方式有哪几种?

4. 什么是墩身范围内固结? 什么是墩身范围外固结?

5. 连续梁墩顶临时支座一般设置几个?

6. 为了确保施工安全,如何选取极端不利工况计算倾覆荷载?

7. 极端不利工况倾覆弯矩对临时支座会产生拉应力吗?

8. 考虑极端不利工况的倾覆弯矩时,是否设置抗拉锚固钢筋?

9. 临时固结支座承受梁体压力 N 和施工过程中不平衡弯矩 $M_{倾}$,是否考虑永久支座承受压力?

10. 当桥墩长度较短或 0 号梁段悬臂较长时,如何支承悬臂浇筑梁体?

11. 不平衡弯矩 $M_{倾}$ 的计算可参考哪些因素?

附　　录

1. Ansys 计算软件的操作

如附图 1.1 所示,外伸梁受集中力、力偶与均布力的作用,梁的横截面为矩形,几何尺寸为 $b=120$ mm, $h=180$ mm,梁体材料力学参数 $[\sigma]=205$ MPa, $[\tau]=125$ MPa, $\mu=0.3$, $E=2.06\times10^5$ MPa, $[f]=l/400$。试绘出梁的弯矩图、剪力图和挠度图,并进行强度与刚度检算。

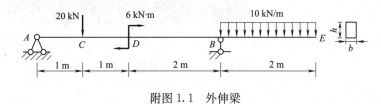

附图 1.1　外伸梁

1. 前处理

1)定义单元类型

Preprocessor(前处理器)→Element Type(选择单元类型)→Add/Edit/Delete→Add(加载)→Beam(梁单元)→2D elastic 3→OK→Close,如附图 1.2 所示。

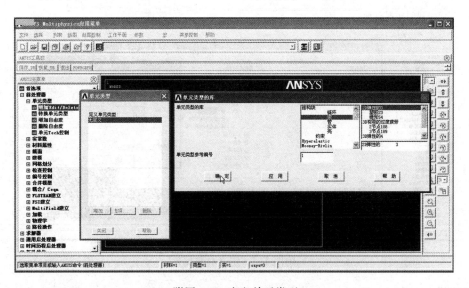

附图 1.2　定义单元类型

2)定义实常数

Preprocessor(前处理器)→Real constants（设置实常数）→ Add(加载) →OK →表格

{AREA(横截面积)、IZZ(惯性矩)、HIGHT(高度)}→OK→Close,如附图 1.3 所示。

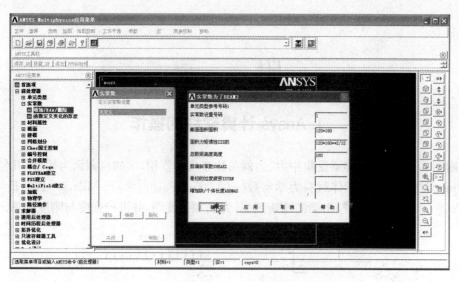

附图 1.3　定义实常数

3)定义材料属性

Preprocessor(前处理器)→Material Props(设置材料属性)→Material Model（材料模型）→表格→Structural（结构）→Linear(线性)→Elastic(弹性的)→Isotropic(各向同性)→表格→{EX(弹性模量)、PRXY(泊松比)}→OK→Close,如附图 1.4 所示。

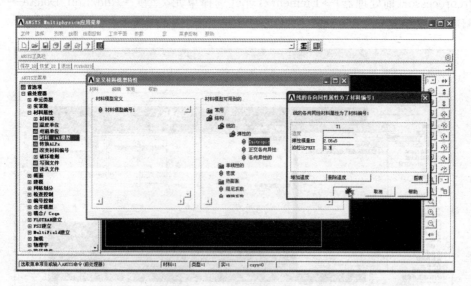

附图 1.4　定义材料属性

4)建模

首先创建关键点,然后创建直线。

创建关键点(附图 1.5):Preprocessor(前处理器)→Modeling(建立几何模型)→Create→keypoints(关键点)→ In Activecs CS （在当前坐标系下）→关键点坐标(Y,Z 留空表示为 0)

如附表1.1。

附表 1.1　关键点坐标

编号	100	200	300	400	500
横坐标(mm)	0	1 000	2 000	4 000	6 000

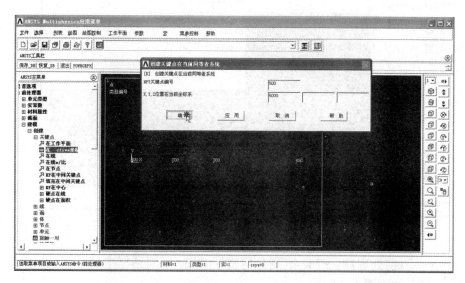

附图 1.5　创建关键点

创建直线(附图 1.6)：在 Modeling(建模)→lines(直线)→lines(创建直线)→Straight Line (直线)→顺序连接 100~500 点。

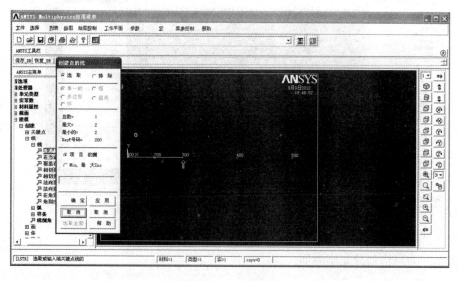

附图 1.6　创建直线

5)网格划分

Preprocessor(前处理器)→Meshing(网格划分)→Size Cntrls(尺寸控制)→Manualsize

（人工设置尺寸）→Lines(线)→All Lines(全部直线)→对话框中{SIZE　Element edge length 设置为 200}→OK,如附图 1.7 所示。

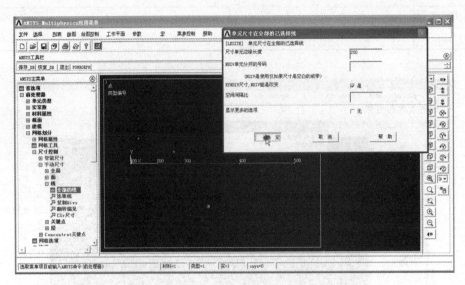

附图 1.7　人工设置单元尺寸

Preprocessor(前处理器)→Mesh(划分网格)→Lines→对话框中{Mesh lines→Box 框选 所有的线}→OK,如附图 1.8 所示。

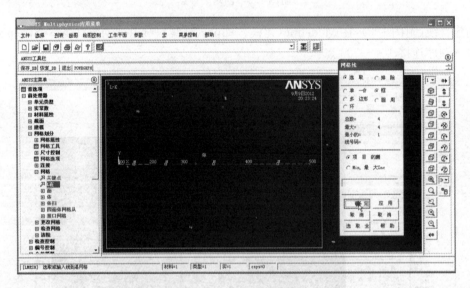

附图 1.8　框选所有的线

附图 1.9 为网格划分完毕界面。

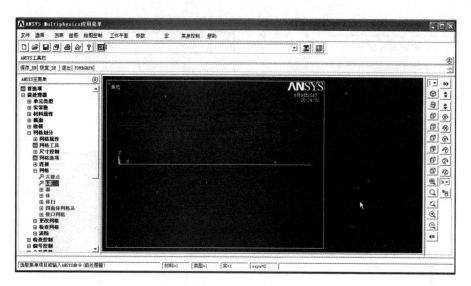

附图 1.9　网格划分完毕

6)加载

(1)施加边界条件:Preprocessor(前处理器)→Loads(荷载)→Define Loads(定义荷载)→Apply(加荷)→structural(结构)→Displacement(位移)→On keypoints(关键点)→显示关键点{(上面菜单栏的 Plot(绘图)→Keypoints→Keypoints→plotCtrls(绘图控制)→Numbering(编号)→KP(ON)}→选中"100"号关键点(即 A 支座)(附图 1.10～附图 1.12)→OK→在弹出的对话框中选中 UX、UY(即固定铰支座)→选中"400"号关键点(即 B 支座)→OK→在弹出的对话框中只选中 UY(即活动铰支座),如附图 1.13～附图 1.15 所示。

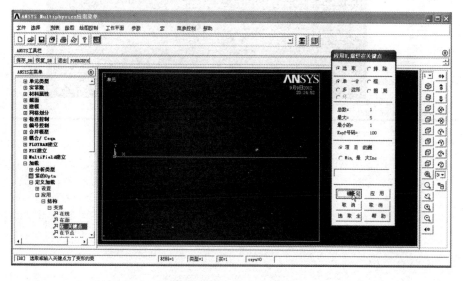

附图 1.10　选中 A 支座

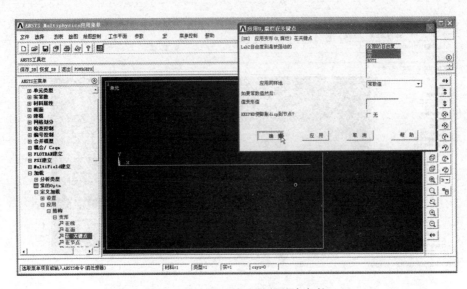

附图 1.11　对 A 支座施加约束条件

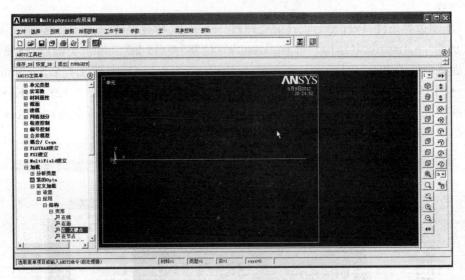

附图 1.12　确定 A 支座为固定铰支座

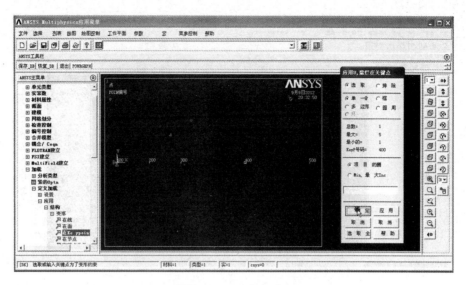

附图 1.13　选中 B 支座

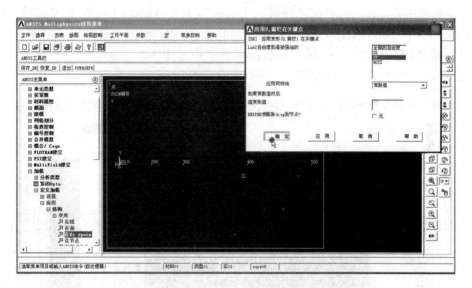

附图 1.14　对 B 支座施加约束条件

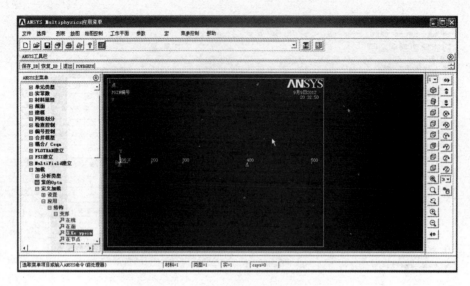

附图 1.15　确定 B 支座为活动铰支座

　　(2)施加集中力:processor(前处理器)→Loads(荷载)→Define Loads(定义荷载)→Apply
(施加荷载)→structural(结构)→Force/Moment(力、力矩)→On keypoints(关键点)→选中
"200"号关键点(附图 1.16)→OK→弹出的对话框中选中 Direction force/mom 为 FY→设
force/mom value 为−2 0000,如附图 1.17～附图 1.18 所示。

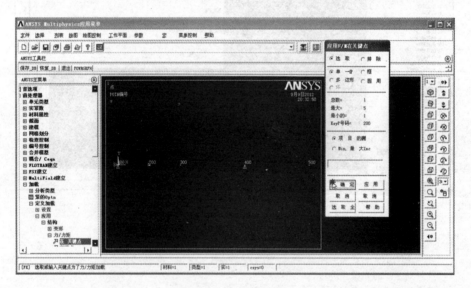

附图 1.16　选中 C 点

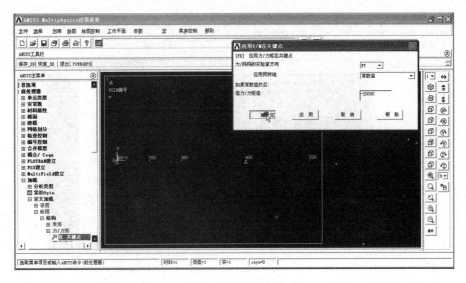

附图 1.17 在 C 点施加竖向荷载－20 kN

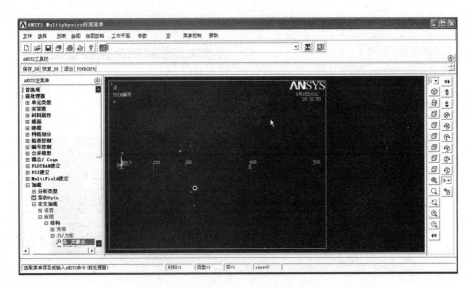

附图 1.18 C 点的－20 kN 竖向荷载已经施加

(3)施加集中力偶:processor(前处理器)→Loads(荷载)→Define Loads(定义荷载)→Apply(施加荷载)→structural(结构)→Force/Moment(力、力矩)→On keypoints(关键点)→选中"300"号关键点(附图 1.19)→OK→弹出的对话框中选中 Direction force/mom 为 MZ→设force/mom value 为－6 000 000,如附图 1.20～附图 1.21 所示。

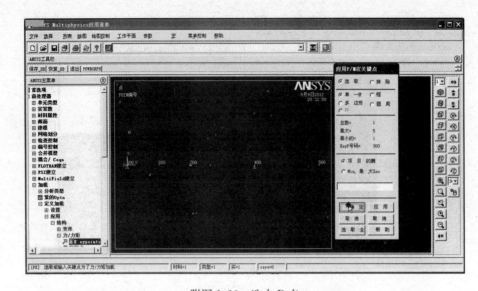

附图 1.19　选中 D 点

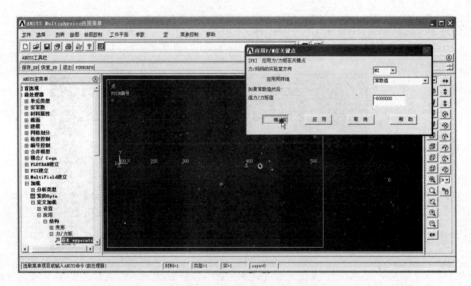

附图 1.20　在 D 点施加集中力偶－6 kN·m

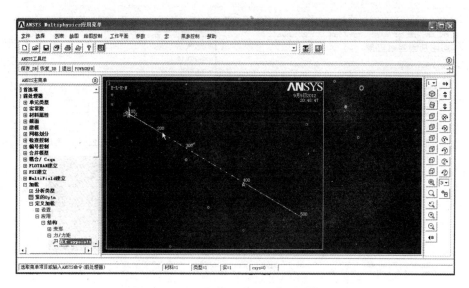

附图 1.21　不同角度观察力偶—6 kN·m

（4）施加均布荷载：Processor（前处理器）→Loads（荷载）→Define Loads（定义荷载）→Apply（施加荷载）→structural（结构）→Pressure（压力）→On Beams（在梁上）→在弹出的对话框中选中 Box→再选中"400"号到"500"所有单元（附图 1.22）→OK→弹出的对话框中 VALI 设为 10→OK，如附图 1.23～附图 1.24 所示。

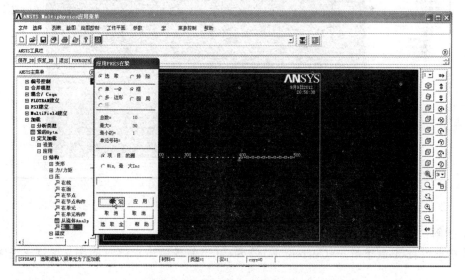

附图 1.22　选中 BE 点之间所有单元

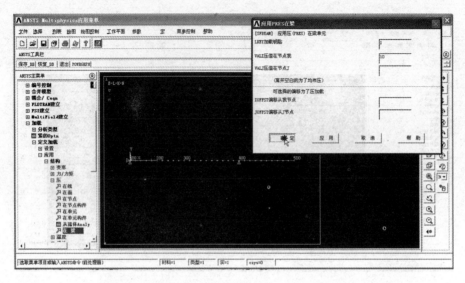

附图 1.23　施加均布荷载 10 kN/m

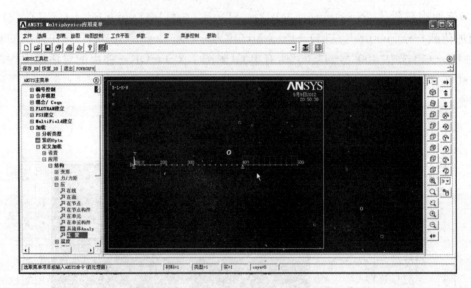

附图 1.24　BE 点之间已经施加均布荷载

2. 求解

分析求解：Solve(求解)→Current Load Step(当前载荷步求解)(附图 1.25)→完成(附图 1.26)。

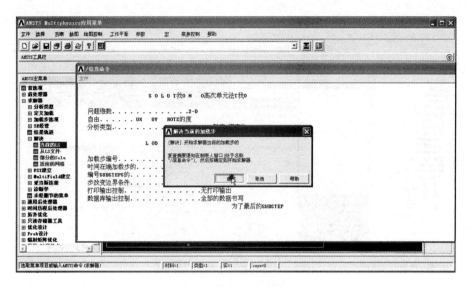

附图 1.25 设定当前载荷步求解

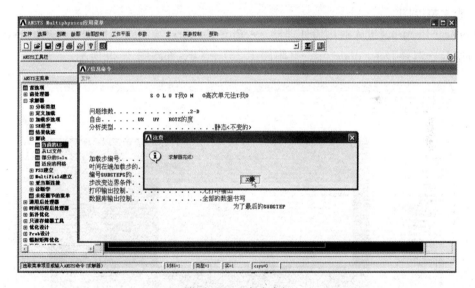

附图 1.26 完成求解

3. 后处理

1)设置内力表

Elerment Table（单元表格）→Define Table（定义表）→单元表数据→选择 By sequence num→选择右侧 SMISC 输入其值 6→Apply→再次选择 By sequence num→选择右侧 SMISC 输入其值 12→Apply→以此类推输入 2 和 8→OK→Close，如附图 1.27 所示。

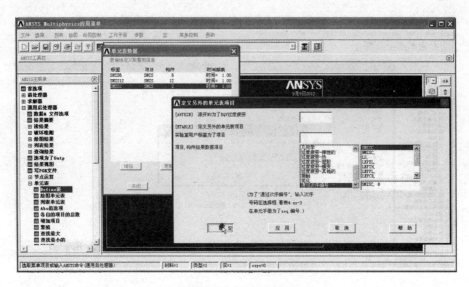

附图 1.27　定义单元表

2)查看挠度图

General Proproc(进入通用后处理器)→ Plot Results(绘制结果数据)→Deformed Shape(变形形状)→选择 Def+undeformed(附图 1.28)→ OK,如附图 1.29 所示。

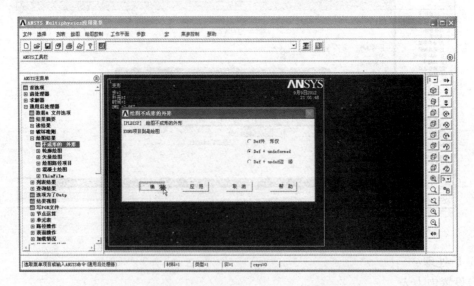

附图 1.28　选择 Def+undeformed

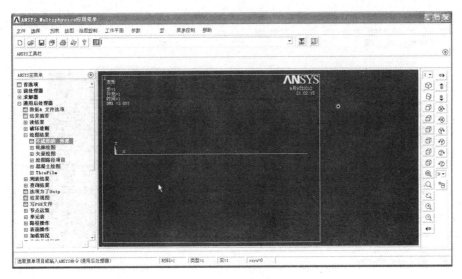

附图 1.29　查看挠度图

可见，　　　　　$f=3.857 \text{ mm}<[f]=l/400=5 \text{ mm}$　（刚度满足要求）

3）查看弯矩图

General Proproc(进入通用后处理器)→Plot Results(绘制结果)→Contour Plot→Line Elem Res(线单元)→选择：SMISC6，SMISC12(说明：是弯矩图，Fact optional Scale factor 选择标度因数－1，下同)，如附图 1.30～附图 1.31 所示。

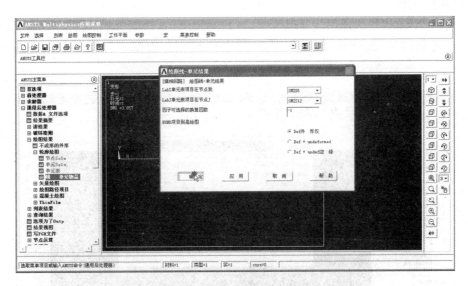

附图 1.30　选择 SMISC6、SMISC12

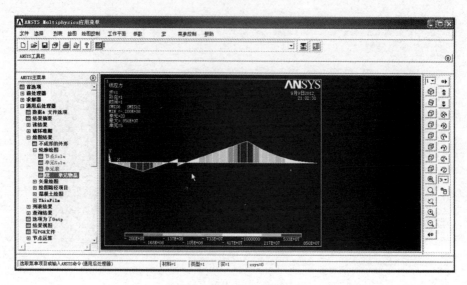

附图 1.31　查看弯矩图

截面抵抗矩：
$$W = \frac{bh^2}{6} = \frac{120 \times 180^2}{6} = 6.48 \times 10^5 (\text{mm}^3)$$

故最大弯曲应力：
$$\sigma = \frac{M}{W} = \frac{0.2 \times 10^8}{6.48 \times 10^5} = 30.86(\text{MPa}) < [\sigma] = 205 \text{ MPa} \quad (\text{强度满足要求})$$

4）查看剪力图

General Proproc(进入通用后处理菜单)→ Plot Results(绘制结果数据)→Contour Plot→ Line Elem Res(线单元)→选择：SMISC 2，SMISC 8(是剪力图)，如附图 1.32～附图 1.33 所示。

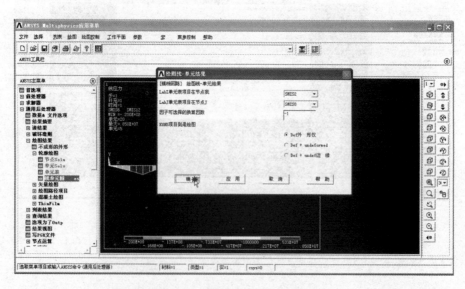

附图 1.32　选择 SMISC2、SMISC8

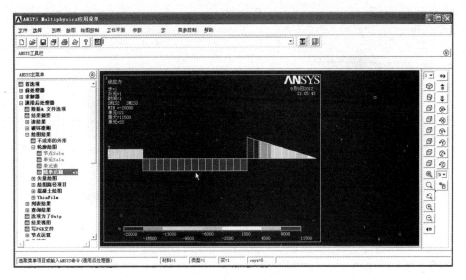

附图 1.33　查看剪力图

最大剪应力：

$$\tau=\frac{3Q}{2A}=\frac{20\ 000}{2\times120\times180}=0.46(\text{MPa})<[\tau]=125\ \text{MPa}\ (\text{强度满足要求})$$

5)退出 Ansys 系统

SAVE(保存)→Quit (退出)→ Save Everything (保存所有资料)。

2. MIDAS Civil 计算软件的操作

如附图 2.1 所示，连续梁受集中力与均布力的作用，梁的横截面为矩形，几何尺寸为 $b=120\ \text{mm}$，$h=180\ \text{mm}$，梁体材料力学参数$[\sigma]=205\ \text{MPa}$，$[\tau]=125\ \text{MPa}$，$\mu=0.3$，$E=2.06\times10^5\ \text{MPa}$，$[f]=l/400$。试绘出梁的弯矩图、剪力图和挠度图。

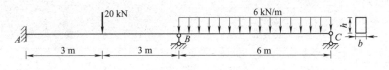

附图 2.1　连续梁

1. 设定操作环境

1)首先建立新项目，以"两跨连续梁"为名称保存。文件/新项目→文件/保存，如附图 2.2 所示。

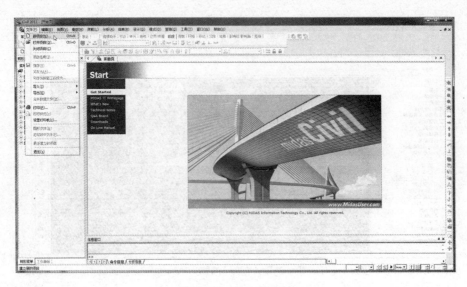

附图 2.2　建立新项目

　　2)单位体系使用 N(力)和 mm(长度)。工具→单位体系(附图 2.3)→长度/mm,力/N,如附图 2.4 所示。

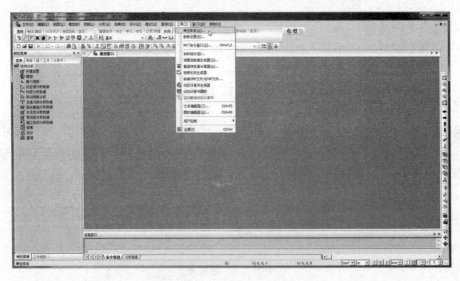

附图 2.3　选中单位体系

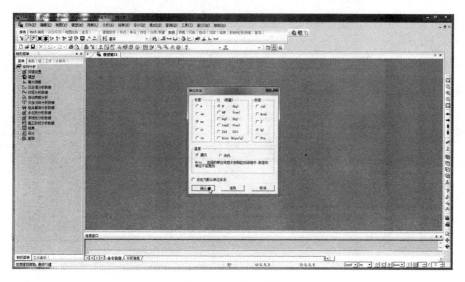

附图 2.4　选择单位

2. 定义材料和截面特性

1)模型→材料和截面特性→材料→材料和截面→材料→添加,如附图 2.5 和附图 2.6 所示。

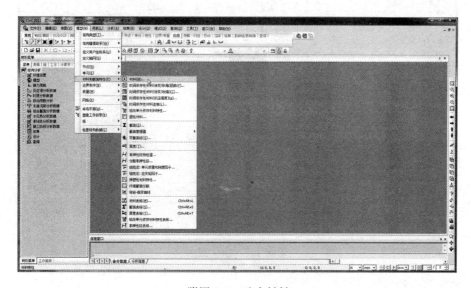

附图 2.5　选中材料

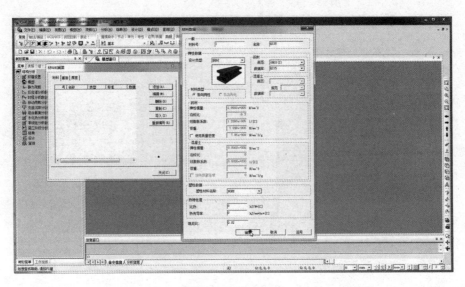

附图 2.6　定义材料

2)模型→材料和截面特性→材料→材料和截面→截面→添加,如附图 2.7 所示。

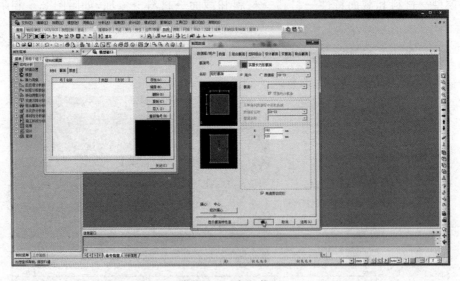

附图 2.7　定义截面

3. 输入节点和单元

1)模型→节点→建立→节点起始号 1(如附图 2.8)→坐标(0,0,0)→适用(附图 2.9)。

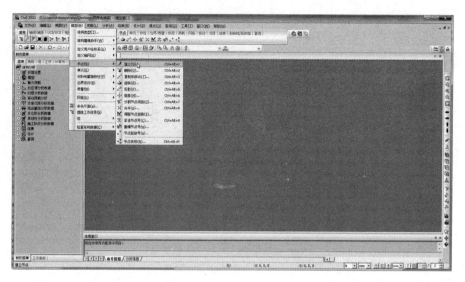

附图 2.8　建立 1 号节点

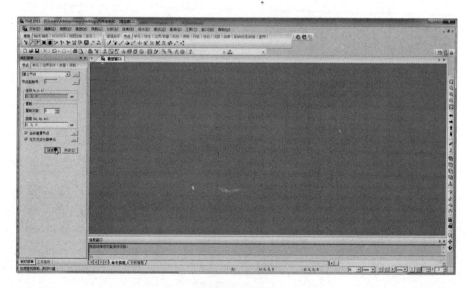

附图 2.9　适用

2)鼠标靠近节点号 1→显示坐标(X=0,Y=0,Z=0)(附图 2.10)→视点→正面(附图 2.11)→打开节点号(附图 2.12)。

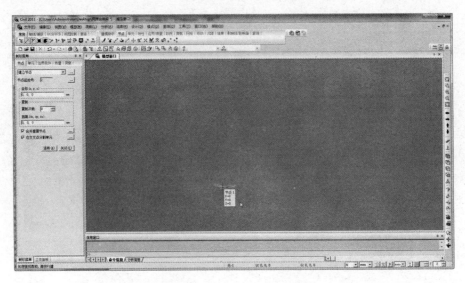

附图 2.10　显示节点号坐标

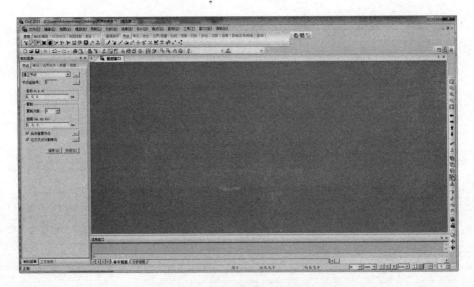

附图 2.11　视点→正面

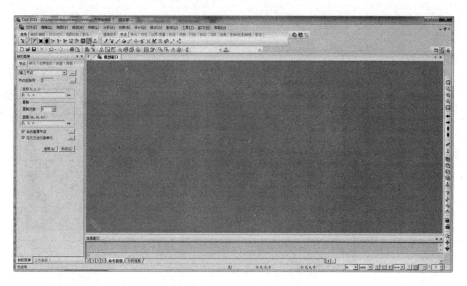

附图 2.12　打开节点号

3)输入节点号 2 的横坐标 X＝3 000→点击适用(附图 2.13)。其余以此类推(附图 2.14、附图 2.15)→点击自动对齐,显示全部 4 个节点及其编号。各个节点的横坐标如附表 2.1。

附表 2.1　节点的横坐标

节点编号	1	2	3	4
横坐标 X(mm)	0	3 000	6 000	12 000

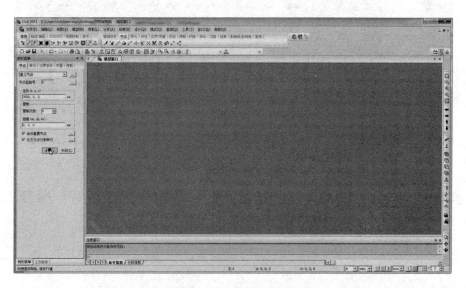

附图 2.13　建立 2 号节点

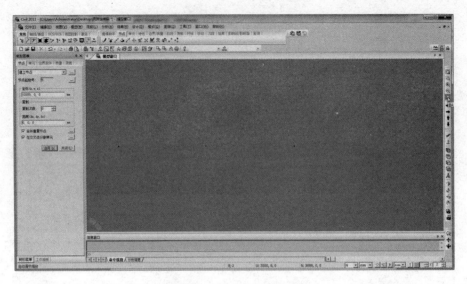

附图 2.14　建立 3 号节点

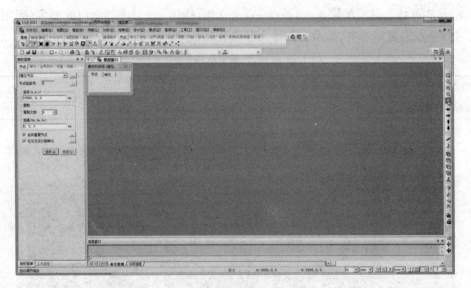

附图 2.15　建立 4 号节点

4)模型→单元→建立(附图 2.16)→连接 1 号与 2 号节点,再连接 2 号→3 号及 3 号→4 号。

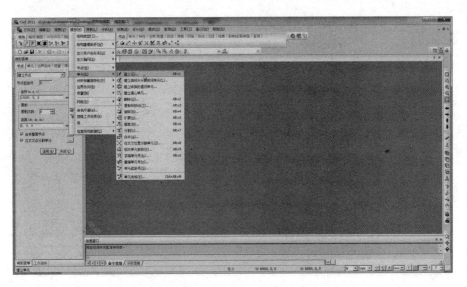

附图 2.16　建立单元

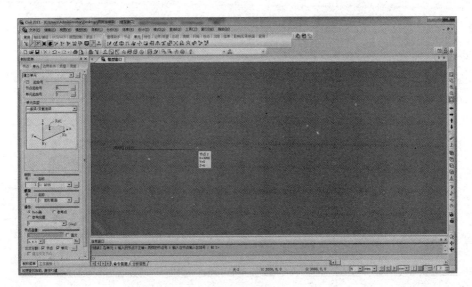

附图 2.17　连接 1 号与 2 号节点

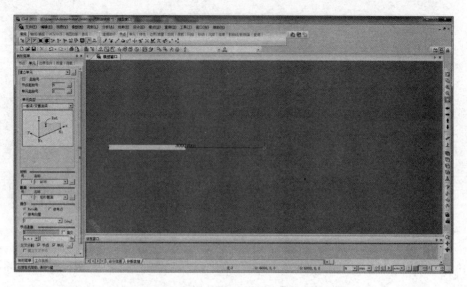

附图 2.18　连接 2 号与 3 号节点

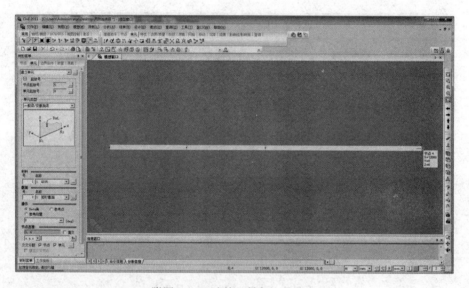

附图 2.19　连接 3 号与 4 号节点

5)观察模型:正面视图→消隐→正面→点击单元号,依次如附图 2.20~附图 2.23 所示。

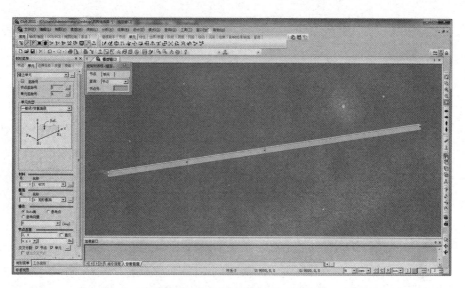

附图 2.20　观察模型:正面视图

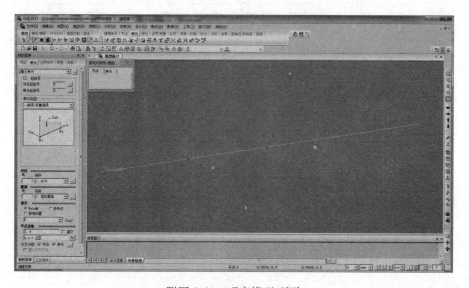

附图 2.21　观察模型:消隐

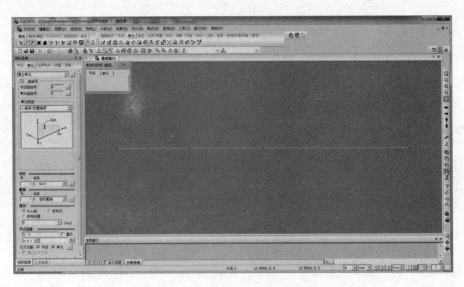

附图 2.22　观察模型：视点→正面

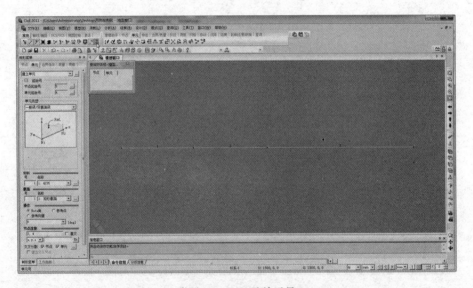

附图 2.23　显示单元号

4. 输入边界条件

1)模型→边界条件→一般支撑,如附图 2.24 所示。

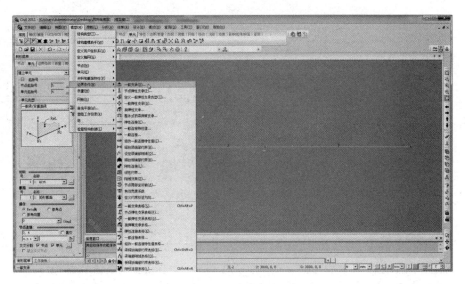

附图 2.24　选择一般支撑

2)点击 D-ALL、RALL 的全部六个复选框→单选→点击 1 号节点→适用。如附图 2.25～附图 2.28 所示。

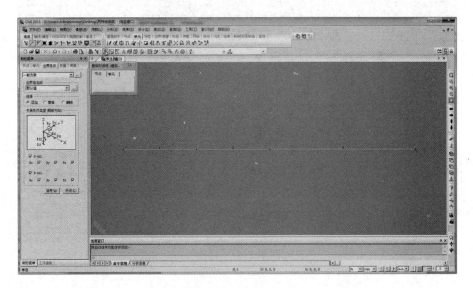

附图 2.25　选择→单选

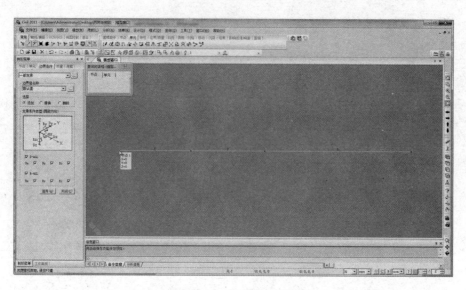

附图 2.26　选定住 A 点

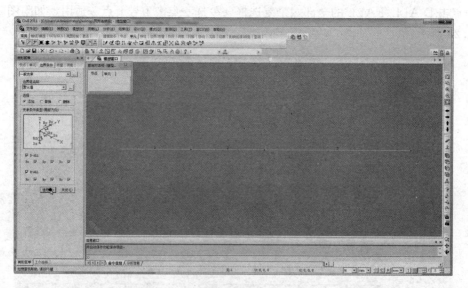

附图 2.27　适用

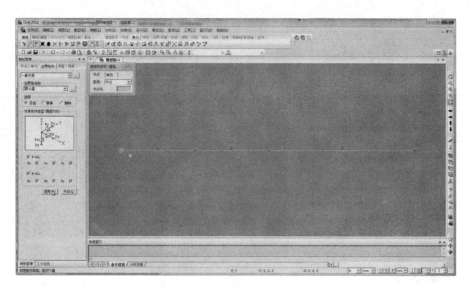

附图 2.28　观察适用后的效果

3）点击单选后选中 3 号节点→选中 4 号节点→去掉 Dx、Ry 复选框→适用，依次如附图 2.29～附图 2.32 所示。

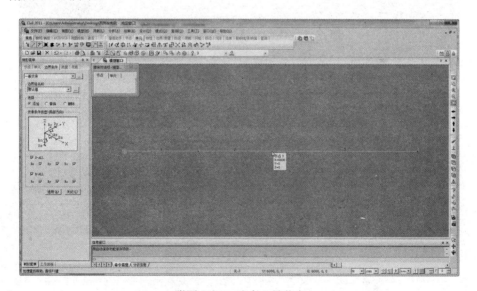

附图 2.29　选中 3 号节点

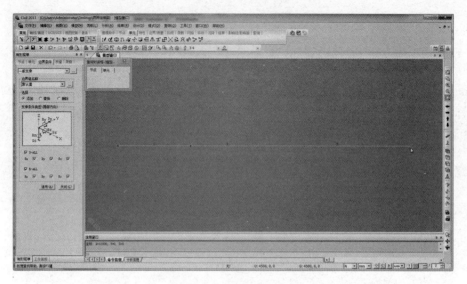

附图 2.30　选中 4 号节点

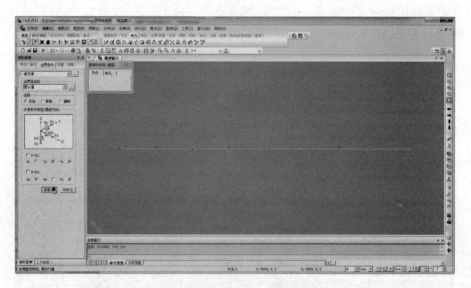

附图 2.31　去掉 Dx、Ry 复选框

附图 2.32　观察适用后的效果

5. 输入荷载

1)荷载→静力荷载工况(附图 2.33)→类型:用户定义的荷载→名称:荷载 1(附图 2.34)。

附图 2.33　选择静力荷载工况

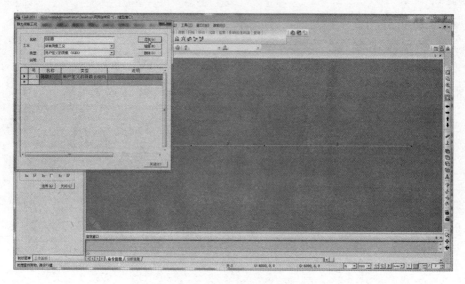

附图 2.34　名称:荷载1

2)树形菜单→荷载→节点荷载→单选→选中2号节点(附图2.35)→FZ＝－20 000(附图2.36)→适用(附图2.37)。

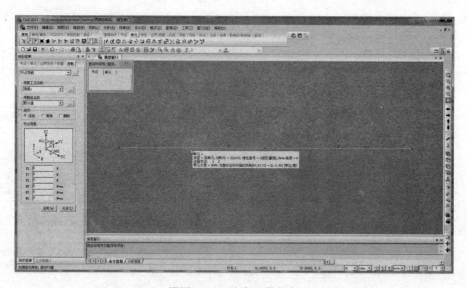

附图 2.35　选中2号节点

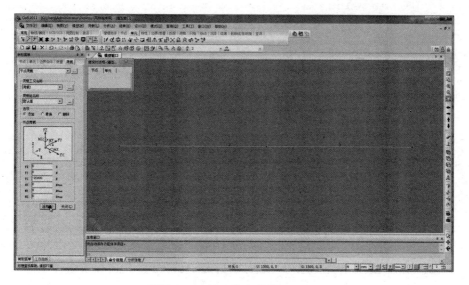

附图 2.36　输入集中荷载－20 000

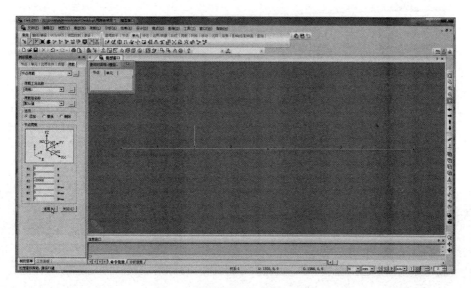

附图 2.37　适用

3)树形菜单→荷载→梁单元荷载(单元)(附图 2.38)→单选→选中 3 单元(附图 2.39)→树形菜单→数值→输入相对值 X1＝0、X2＝1,且输入 W＝－6(附图 2.40)→适用(附图 2.41)。

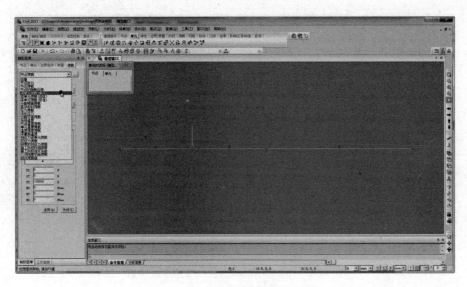

附图 2.38　选择梁单元荷载(单元)

附图 2.39　选中 3 单元

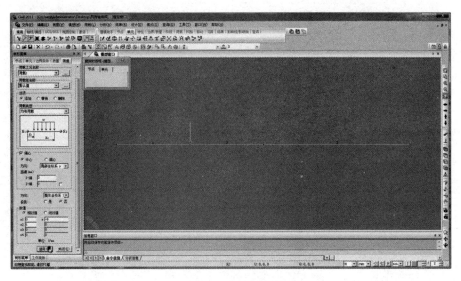

附图 2.40　输入相对值(X1＝0、X2＝1)

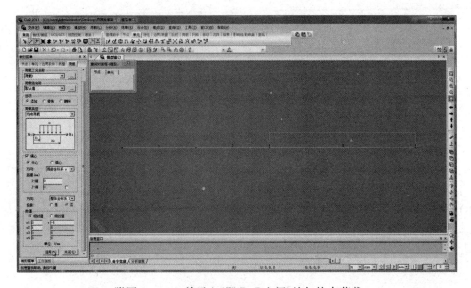

附图 2.41　3 单元上(即 B、C 之间)施加均布荷载

6. 运行分析

菜单栏→分析→运行分析,如附图 2.42 和附图 2.43 所示。

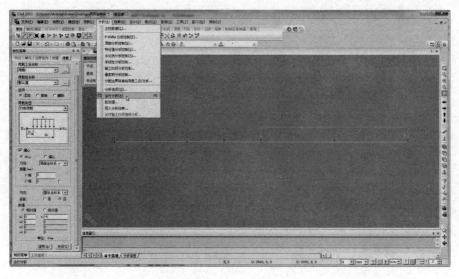

附图 2.42　点击运行分析

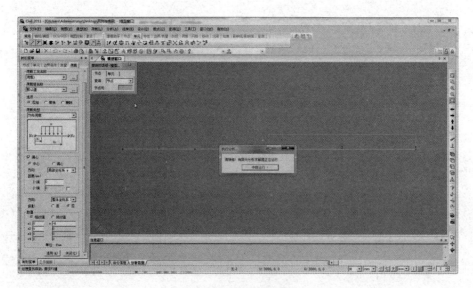

附图 2.43　正在求解

7. 查看挠度图

菜单栏→结果→位移→位移形状，如附图 2.44~附图 2.46 所示。

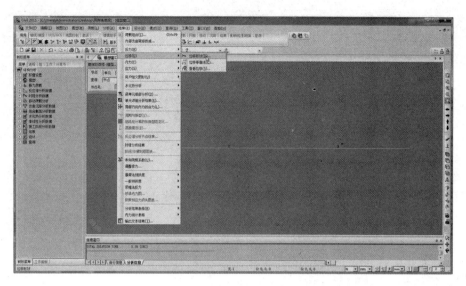

附图 2.44　点击位移形状

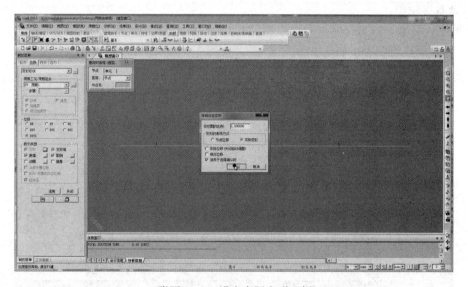

附图 2.45　设定实际变形比例

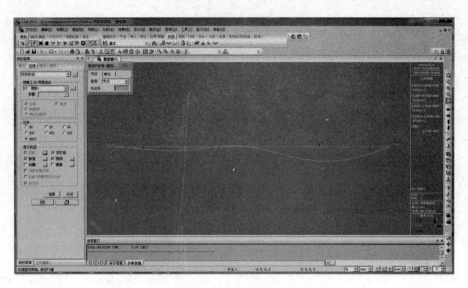

附图 2.46　查看挠度图

8. 查看弯矩图

菜单栏→结果→内力→梁单元内力图(附图 2.47)→适用(附图 2.48)。

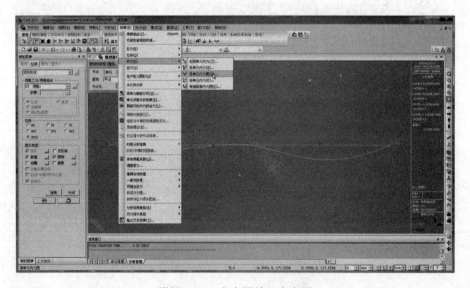

附图 2.47　点击梁单元内力图

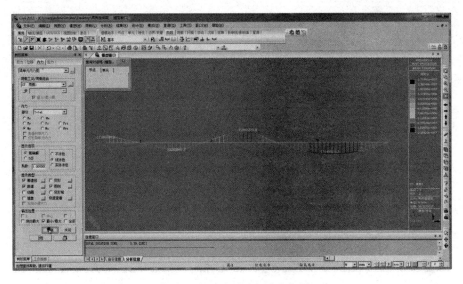

附图 2.48　适用后查看弯矩图

9. 查看剪力图

选中内力 FZ 复选框→工具栏的显示→显示控制选项→绘图→梁/墙单元内力图→反转内力图(附图 2.49)→确定并退出→适用(附图 2.50)。

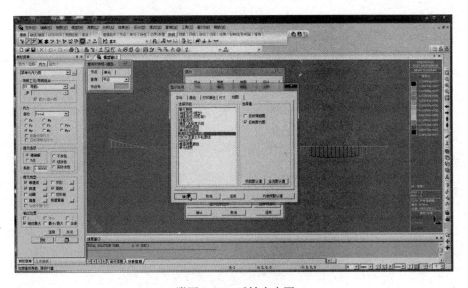

附图 2.49　反转内力图

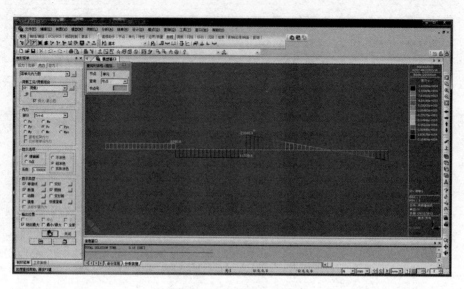

附图 2.50　查看剪力图

3. 附　表

表 1　钢模板规格编码表（mm）

模板名称	模板长度 450		600		750		900		1 200		1 500		1 800	
	代号	尺寸	代号	尺寸	代号	尺寸	代号	尺寸	代号	尺寸	代号	尺寸	代号	尺寸
平面模板代号P（宽度）600	P6004	600×450	P6006	600×600	P6007	600×750	P6009	600×900	P6012	600×1 200	P6015	600×1 500	P6018	600×1 800
550	P5504	550×450	P5506	550×600	P5507	550×750	P5509	550×900	P5512	550×1 200	P5515	550×1 500	P5518	550×1 800
500	P5004	500×450	P5006	500×600	P5007	500×750	P5009	500×900	P5012	500×1 200	P5015	500×1 500	P5018	500×1 800
450	P4504	450×450	P4506	450×600	P4507	450×750	P4509	450×900	P4512	450×1 200	P4515	450×1 500	P4518	450×1 800
400	P4004	400×450	P4006	400×600	P4007	400×750	P4009	400×900	P4012	400×1 200	P4015	400×1 500	P4018	400×1 800
350	P3504	350×450	P3506	350×600	P3507	350×750	P3509	350×900	P3512	350×1 200	P3515	350×1 500	P3518	350×1 800
300	P3004	300×450	P3006	300×600	P3007	300×750	P3009	300×900	P3012	300×1 200	P3015	300×1 500	P3018	300×1 800
250	P2504	250×450	P2506	250×600	P2507	250×750	P2509	250×900	P2512	250×1 200	P2515	250×1 500	P2518	250×1 800
200	P2004	200×450	P2006	200×600	P2007	200×750	P2009	200×900	P2012	200×1 200	P2015	200×1 500	P2018	200×1 800
150	P1504	150×450	P1506	150×600	P1507	150×750	P1509	150×900	P1512	150×1 200	P1515	150×1 500	P1518	150×1 800
100	P1004	100×450	P1006	100×600	P1007	100×750	P1009	100×900	P1012	100×1 200	P1015	100×1 500	P1018	100×1 800
阴角模板（代号E）	E1504	150×150×450	E1506	150×600×600	E1507	150×150×750	E1509	150×150×900	E1512	150×150×1 200	E1515	150×150×1 500	E1518	150×150×1 800
	E1004	100×150×450	E1006	100×150×600	E1007	100×150×750	E1009	100×150×900	E1012	100×150×1 200	E1015	100×150×1 500	E1018	100×150×1 800
阳角模板（代号Y）	Y1004	100×100×450	Y1006	100×100×600	Y1007	100×100×750	Y1009	100×100×900	Y1012	100×100×1 200	Y1015	100×100×1 500	Y1018	100×100×1 800
	Y0504	50×50×450	Y0506	50×50×600	Y0507	50×50×750	Y0509	50×50×900	Y0512	50×50×1 200	Y0515	50×50×1 500	Y0518	50×50×1 800
连接角模（代号J）	J0004	50×50×450	J0006	50×50×600	J0007	50×50×750	J0009	50×50×900	J0012	50×50×1 200	J0015	50×50×1 500	J0018	50×50×1 800

续上表

模板长度

模板名称		450		600		750		900		1 200		1 500		1 800	
		代号	尺寸	代号	尺寸	代号	尺寸	代号	尺寸	代号	尺寸	代号	尺寸	代号	尺寸
倒棱模板	角棱模板(代号 JL)	JL1704	17×450	JL1706	17×600	JL1707	17×750	JL1709	17×900	JL1712	17×1 200	JL1715	17×1 500	JL1718	17×1 800
		JL4504	45×450	JL4506	45×600	JL4507	45×750	JL4509	45×900	JL4512	45×1 200	JL4515	45×1 500	JL4518	45×1 800
	圆棱模板(代号 YL)	YL2004	20×450	YL2006	20×600	YL2007	20×750	YL2009	20×900	YL2012	20×1 200	YL2015	20×1 500	YL2018	20×1 800
		YL3504	35×450	YL3506	35×600	YL3507	35×750	YL3509	35×900	YL3512	35×1 200	YL3515	35×1 500	YL3518	35×1 800
梁腋模板(代号 IY)		IY1004	100×50×450	IY1006	100×50×600	IY1007	100×50×750	IY1009	100×50×900	IY1012	100×50×1 200	IY1015	100×50×1 500	IY1018	100×50×1 800
		IY1504	150×50×450	IY1506	150×50×600	IY1507	150×50×750	IY1509	150×50×900	IY1512	50×50×1 200	IY1515	150×50×1 500	IY1518	150×50×1 800
柔性模板(代号 Z)		Z1004	100×450	Z1006	100×600	Z1007	100×750	Z1009	100×900	Z1012	100×1 200	Z1015	100×1 500	Z1018	100×1 800
搭接模板(代号 D)		D7504	75×450	D7506	75×600	D7507	757×50	D7509	75×900	D7512	75×1 200	D7515	75×1 500	D7518	75×1 800
双曲可调模板(代号 T)		—	—	T3006	300×600	—	—	T3009	300×900	—	—	T3015	300×1 500	T3018	300×1 800
		—	—	T2006	200×600	—	—	T2009	200×900	—	—	T2015	200×1 500	T2018	200×1 800
变角可调模板(代号 B)		—	—	B2006	200×600	—	—	B2009	200×900	—	—	B2015	200×1 500	B2018	200×1 800
		—	—	B1606	160×600	—	—	B1609	160×900	—	—	B1615	160×1 500	B1618	160×1 800

表 2 钢模板的组成及规格

名称			图示	功能	宽度(mm)	长度(mm)	肋高(mm)
钢模板		平面模板	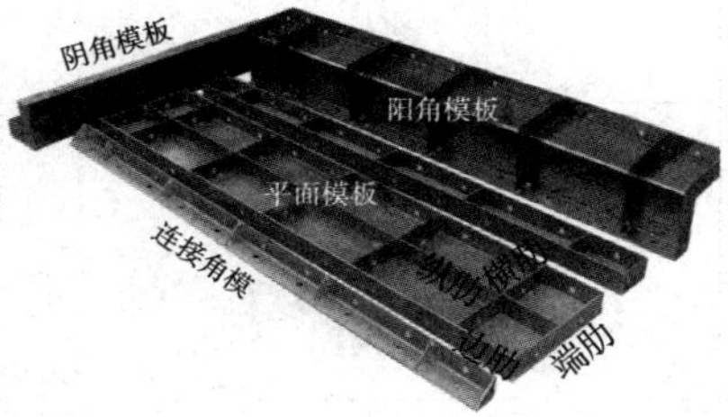	用于基础墙体、梁、柱和板等各种结构的平面部位。	600、550、500、450、400、350、300、250、200、150、100	1 800、1 500、1 200、900、750、600、450	55
钢模板	转角模板	阴角模板		用于墙体和各种构件的内角及凹角的转角部位。	150×150、100×150	1 800、1 500、1 200、900、750、600、450	55
钢模板	转角模板	阳角模板		用于柱梁及墙体等外角及凸角的转角部位。	100×100、50×50	1 800、1 500、1 200、900、750、600、450	55
钢模板	转角模板	连接角模		用于柱梁及墙体等外角及凸角的转角部位。	50×50	1 800、1 500、1 200、900、750、600、450	55
钢模板	倒棱模板	角棱模板		用于柱梁及墙体等阳角的倒棱部位。	17、45	1 500、1 200、900、750、600、450	55
钢模板	倒棱模板	圆棱模板		用于柱梁及墙体等阳角的倒棱部位。	R20×R25	1 500、1 200、900、750、600、450	55
钢模板		梁腋模板		用于暗渠明渠沉箱及高架结构等梁腋部位。	50×150、50×100	1 500、1 200、900、750、600、450	55
钢模板		柔性模板		用于圆形筒壁曲面墙体等结构部位。	100	1 500、1 200、900、750、600、450	55
钢模板		搭接模板		用于调节 50 mm 以内的拼装模板尺寸。	75	1 500、1 200、900、750、600、450	55
钢模板	可调模板	双曲可调模板		用于构筑物曲面部位。	300、200	1 500、900、600	55
钢模板	可调模板	变角可调模板		用于展开面为扇形或梯形的构筑物的结构部位。	200、160	1 500、900、600	55
钢模板	嵌补模板	平面嵌板		用于梁板墙柱等结构的接头部位。	200、150、100	300、200、150	55
钢模板	嵌补模板	阴角嵌板		用于梁板墙柱等结构的接头部位。	150×150、100×150	300、200、150	55
钢模板	嵌补模板	阳角嵌板		用于梁板墙柱等结构的接头部位。	100×100、50×50	300、200、150	55
钢模板	嵌补模板	连接模板		用于梁板墙柱等结构的接头部位。	50×50	300、200、150	55

续上表

名称	图示	功能	规格	
U形卡		用于钢模板纵横向自由拼接将将相邻钢模板夹紧固定。	$\phi 12$	Q235钢板
L形插销		用作增强钢模板纵向拼接刚度保证接缝处板面平整。	$\phi 12,l=345$	
钩头螺栓	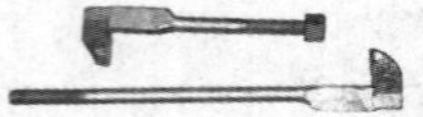	用作钢模板与内外钢楞之间的连接固定。	$\phi 12,l=205,180$	
紧固螺栓	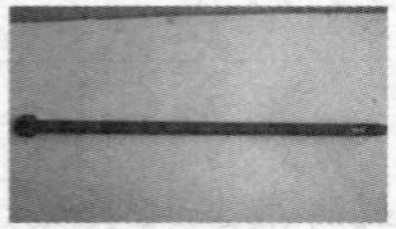	用作紧固内外钢楞,增强拼接模板的整体固定。	$\phi 12,l=480$	
蝶形扣件		 用作钢楞与钢模板或钢楞之间的紧固连接配件与其他配件一起将格钢模板拼装连接成整体保扣件应与相应的钢楞配套。	26型,12型	Q235圆钢
3形扣件		用作钢楞连接与其他配件连接装配成连接扣件的钢楞配套。	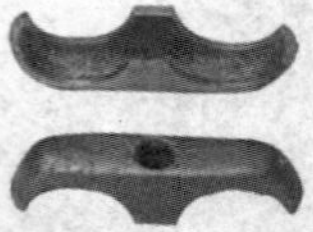 26型,18型	
对拉螺栓		用作拉结两竖向侧模板保持两侧模板的间距承受混凝土侧压力和其他荷重确保模板有足够的刚度和强度。	M12,M14,M16,T12,T14,T16,T18,T20	Q235钢板

连接件
扣件

续上表

名称	图示	功能	规格	
钢楞		用于支承钢模板和加强其整体刚度钢楞材料有圆钢管和矩形钢管等形式。	圆钢管型	φ48×3.5
			矩形钢管型	□80×40×2.0、□100×50×3.0
			轻型钢管型	[80×40×3.0、[100×50×3.0
			内卷边槽钢型	[80×40×15×3.0、100×50×20×3.0
			轧制槽钢创	[80×43×5.0
柱箍		用于支承和夹紧模板其型式应根据柱模尺寸大小等因素来选择	角钢型	L75×50×5
			槽型钢	[80×43×5、[100×48×5.3
			圆钢管型	φ48×3.5
梁卡具		将大梁、过梁等钢模板夹紧固定的装置,并承受混凝土侧压力。	YJ型	断面小于600×500
钢支柱	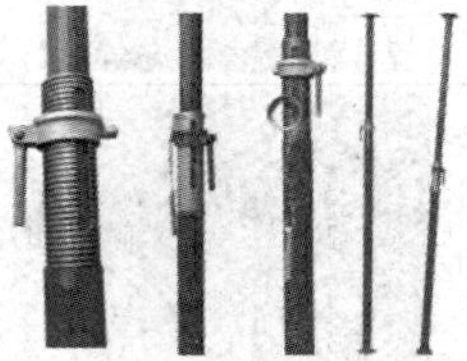	用于承受水平模板传递的竖向模板支柱有单管支柱,四管支柱等多种型式。	圆钢管型	断面小于700×500
			单管支柱	C-18型 l=1 812~3 112
				C-22型 l=2 212~3 512
				C-27型 l=2 712~4 012
			四管支柱	GH-125型 l=1 250
				GH-150型 l=1 500
				GH-175型 l=1 750
				GH-200型 l=2 000
				GH-300型 l=3 000

支承件

续上表

名 称		图 示	功 能	规 格
支承件	早拆柱头		用于梁和模板的支撑柱头，以及模板早拆。	$l=600,500$
	斜撑		用于承受单侧模板的侧向荷载和调整竖向支模的垂直度。	—
	桁架		有平面可调和曲面可变式两种。平面可调桁架用于支承模板平面桁架，支承曲面可变桁架曲面可变构件的垂向模板。	平面可调桁架 $330×1\,990$，$247×2\,000$；曲面可变桁架 $247×3\,000$，$247×4\,000$，$247×5\,000$
	钢管脚手支架 / 钢管支架		主要用于层高较大的梁、板等水平构件的模板的垂直支撑。 用作梁楼板及平台等模板支架及外脚手架等。	$\phi48×3.5$，$l=2\,000,6\,000$
	门式支架		用作梁楼板及平台支架外脚手架等。	宽度 $b=1\,200,900$
	碗扣式支架		用作梁楼板及平台支架和移动外脚手架等。	立柱 $l=3\,000,2\,400,1\,800,1\,200,900,600$
	方塔式支架		用作梁楼板及平台等模板支架等。	宽度 $b=1\,200,1\,000,900$，高度 $h=1\,300,1\,000$

表 3　平面模板截面特征

模板宽度 b(mm)	350		400		450		500		550		600	
板面厚度 δ(mm)	2.75	3.00	2.75	3.00	2.75	3.00	2.75	3.00	2.75	3.00	2.75	3.00
肋板厚度 δ_l(mm)	2.75	3.00	2.75	3.00	2.75	3.00	2.75	300	2.75	3.00	2.75	3.00
净载面面积 A(cm²)	12.80	13.94	15.23	16.58	16.60	18.08	17.98	19.58	21.17	23.06	22.55	24.56
中性轴位置 Y_x(cm)	0.99	1.00	1.08	1.09	1.01	1.02	0.95	0.96	1.02	1.03	0.97	0.98
净载面惯性矩 J_x(cm⁴)	32.38	35.11	41.69	45.20	42.83	46.43	43.82	47.50	55.06	59.59	54.30	58.87
净载面抵抗矩 W_x(cm³)	7.18	7.80	9.43	10.25	9.54	10.36	9.63	10.46	12.29	13.33	11.98	13.02

模板宽度 b(mm)	100		150		200		250		300	
板面厚度 δ(mm)	2.50	2.75	2.50	2.75	2.50	2.75	2.50	2.75	2.50	2.75
肋板厚度 δ_l(mm)	—	—	—	—	—	—	2.50	2.75	2.50	2.75
净载面面积 A(cm²)	4.44	4.86	5.69	6.24	6.91	7.61	9.15	10.05	10.40	11.42
中性轴位置 Y_x(cm)	1.43	1.54	1.14	1.27	0.96	1.08	1.07	1.20	0.96	1.08
净载面惯性矩 J_x(cm⁴)	15.25	17.19	16.91	19.37	17.98	20.85	25.98	29.89	26.97	36.30
多载面抵抗矩 W_x(cm³)	3.75	4.34	3.88	4.58	3.96	4.72	5.86	6.95	5.94	8.21

表 4　截面轴心受压构件的稳定系数 φ

a. a 类截面轴心受压构件的稳定系数 φ

$\lambda\sqrt{\dfrac{f_y}{235}}$	0	1	2	3	4	5	6	7	8	9
0	1.000	1.000	1.000	1.000	0.999	0.999	0.998	0.998	0.997	0.996
10	0.995	0.994	0.993	0.992	0.991	0.989	0.988	0.986	0.985	0.983
20	0.981	0.979	0.977	0.976	0.974	0.972	0.970	0.968	0.966	0.964
30	0.963	0.961	0.959	0.957	0.955	0.952	0.950	0.948	0.946	0.944
40	0.941	0.939	0.937	0.934	0.932	0.929	0.927	0.924	0.921	0.919
50	0.916	0.913	0.910	0.907	0.904	0.900	0.897	0.894	0.890	0.886
60	0.883	0.879	0.875	0.871	0.867	0.863	0.858	0.854	0.849	0.844
70	0.839	0.834	0.829	0.824	0.818	0.813	0.807	0.801	0.795	0.789
80	0.783	0.776	0.770	0.763	0.757	0.750	0.743	0.736	0.728	0.721
90	0.714	0.706	0.699	0.691	0.684	0.676	0.668	0.661	0.653	0.645
100	0.638	0.630	0.622	0.615	0.607	0.600	0.592	0.585	0.577	0.570
110	0.563	0.555	0.548	0.541	0.534	0.527	0.520	0.514	0.507	0.500
120	0.494	0.488	0.481	0.475	0.469	0.463	0.457	0.451	0.445	0.440
130	0.434	0.429	0.423	0.418	0.412	0.407	0.402	0.397	0.392	0.387
140	0.383	0.378	0.373	0.369	0.364	0.360	0.356	0.351	0.347	0.343
150	0.339	0.335	0.331	0.327	0.323	0.320	0.316	0.312	0.309	0.305
160	0.302	0.298	0.295	0.292	0.289	0.285	0.282	0.279	0.276	0.273
170	0.270	0.267	0.264	0.262	0.259	0.256	0.253	0.251	0.248	0.246
180	0.243	0.241	0.238	0.236	0.233	0.231	0.229	0.226	0.224	0.222
190	0.220	0.218	0.215	0.213	0.211	0.209	0.207	0.205	0.203	0.201
200	0.199	0.198	0.196	0.194	0.192	0.190	0.189	0.187	0.185	0.183
210	0.182	0.180	0.179	0.177	0.175	0.174	0.172	0.171	0.169	0.168
220	0.166	0.165	0.164	0.162	0.161	0.159	0.158	0.157	0.155	0.154
230	0.153	0.152	0.150	0.149	0.148	0.147	0.146	0.144	0.143	0.142
240	0.141	0.140	0.139	0.138	0.136	0.135	0.134	0.133	0.132	0.131
250	0.130	—	—	—	—	—	—	—	—	—

b. b类截面轴心受压构件的稳定系数 φ

$\lambda\sqrt{\dfrac{f_y}{235}}$	0	1	2	3	4	5	6	7	8	9
0	1.000	1.000	1.000	0.999	0.999	0.998	0.997	0.996	0.995	0.994
10	0.992	0.991	0.989	0.987	0.985	0.983	0.981	0.978	0.976	0.973
20	0.970	0.967	0.963	0.960	0.957	0.953	0.950	0.946	0.943	0.939
30	0.936	0.932	0.929	0.925	0.922	0.918	0.914	0.910	0.906	0.903
40	0.899	0.895	0.891	0.887	0.882	0.878	0.874	0.870	0.865	0.861
50	0.856	0.852	0.847	0.842	0.838	0.833	0.828	0.823	0.818	0.813
60	0.807	0.802	0.797	0.791	0.786	0.780	0.774	0.769	0.763	0.757
70	0.751	0.745	0.739	0.732	0.726	0.720	0.714	0.707	0.701	0.694
80	0.688	0.681	0.675	0.668	0.661	0.655	0.648	0.641	0.635	0.628
90	0.621	0.614	0.608	0.601	0.594	0.588	0.581	0.575	0.568	0.561
100	0.555	0.549	0.542	0.536	0.529	0.523	0.517	0.511	0.505	0.499
110	0.493	0.487	0.481	0.475	0.470	0.464	0.458	0.453	0.447	0.442
120	0.437	0.432	0.426	0.421	0.416	0.411	0.406	0.402	0.397	0.392
130	0.387	0.383	0.378	0.374	0.370	0.365	0.361	0.357	0.353	0.349
140	0.345	0.341	0.337	0.333	0.329	0.326	0.322	0.318	0.315	0.311
150	0.308	0.304	0.301	0.298	0.295	0.291	0.288	0.285	0.282	0.279
160	0.276	0.273	0.270	0.267	0.265	0.262	0.259	0.256	0.254	0.251
170	0.249	0.246	0.244	0.241	0.239	0.236	0.234	0.232	0.229	0.227
180	0.225	0.223	0.220	0.218	0.216	0.214	0.212	0.210	0.208	0.206
190	0.204	0.202	0.200	0.198	0.197	0.195	0.193	0.191	0.190	0.188
200	0.186	0.184	0.183	0.181	0.180	0.178	0.176	0.175	0.173	0.172
210	0.170	0.169	0.167	0.166	0.165	0.163	0.162	0.160	0.159	0.158
220	0.156	0.155	0.154	0.153	0.151	0.150	0.149	0.148	0.146	0.145
230	0.,144	0.143	0.142	0.141	0.140	0.138	0.137	0.136	0.135	0.134
240	0.133	0.132	0.131	0.130	0.129	0.128	0.127	0.126	0.125	0.124
250	0.123	—	—	—	—	—	—	—	—	—

c.c 类截面轴心受压构件的稳定系数 φ

$\lambda\sqrt{\dfrac{f_y}{235}}$	0	1	2	3	4	5	6	7	8	9
0	1.000	1.000	1.000	0.999	0.999	0.998	0.997	0.996	0.995	0.993
10	0.992	0.990	0.988	0.986	0.983	0.981	0.978	0.976	0.973	0.970
20	0.966	0.959	0.953	0.947	0.940	0.934	0.928	0.921	0.915	0.909
30	0.902	0.896	0.890	0.884	0.877	0.871	0.865	0.858	0.852	0.846
40	0.839	0.833	0.826	0.820	0.814	0.807	0.801	0.794	0.788	0.781
50	0.775	0.768	0.762	0.755	0.748	0.742	0.735	0.729	0.722	0.715
60	0.709	0.702	0.695	0.689	0.682	0.676	0.669	0.662	0.656	0.649
70	0.643	0.636	0.629	0.623	0.616	0.610	0.604	0.597	0.591	0.584
80	0.578	0.572	0.566	0.559	0.553	0.547	0.541	0.535	0.529	0.523
90	0.517	0.511	0.505	0.500	0.494	0.488	0.483	0.477	0.472	0.467
100	0.463	0.458	0.454	0.449	0.445	0.441	0.436	0.432	0.428	0.423
110	0.419	0.415	0.411	0.407	0.403	0.399	0.395	0.391	0.387	0.383
120	0.379	0.375	0.371	0.367	0.364	0.360	0.356	0.353	0.349	0.346
130	0.342	0.339	0.335	0.332	0.328	0.325	0.322	0.319	0.315	0.312
140	0.309	0.306	0.303	0.300	0.297	0.294	0.291	0.288	0.285	0.282
150	0.280	0.277	0.274	0.271	0.269	0.266	0.264	0.261	0.258	0.256
160	0.254	0.251	0.249	0.246	0.244	0.242	0.239	0.237	0.235	0.233
170	0.230	0.228	0.226	0.224	0.222	0.220	0.218	0.216	0.214	0.212
180	0.210	0.208	0.206	0.205	0.203	0.201	0.199	0.197	0.196	0.194
190	0.192	0.190	0.189	0.187	0.186	0.184	0.182	0.181	0.179	0.178
200	0.176	0.175	0.173	0.172	0.170	0.169	0.168	0.166	0.165	0.163
210	0.16Z	0.161	0.159	0.158	0.157	0.156	0.154	0.153	0.152	0.151
220	0.150	0.148	0.147	0.146	0.145	0.144	0.143	0.142	0.140	0.139
230	0.138	0.137	0.136	0.135	0.131	0.133	0.132	0.131	0.130	0.129
240	0.128	0.127	0.126	0.125	0.124	0.124	0.123	0.122	0.121	0.120
250	0.119	—	—	—	—	—	—	—	—	—

d. d 类截面轴心受压构件的稳定系数 φ

$\lambda\sqrt{\dfrac{f_y}{235}}$	0	1	2	3	4	5	6	7	8	9
0	1.000	1.000	0.999	0.999	0.998	0.996	0.994	0.992	0.990	0.987
10	0.984	0.981	0.978	0.974	0.969	0.965	0.960	0.955	0.949	0.944
20	0.937	0.927	0.918	0.909	0.900	0.891	0.883	0.874	0.865	0.857
30	0.848	0.840	0.831	0.823	0.815	0.807	0.799	0.790	0.782	0.774
40	0.766	0.759	0.751	0.743	0.735	0.728	0.720	0.712	0.705	0.697
50	0.690	0.683	0.675	0.668	0.661	0.654	0.646	0.639	0.632	0.625
60	0.618	0.612	0.605	0.598	0.591	0.585	0.578	0.572	0.565	0.559
70	0.552	0.546	0.540	0.534	0.528	0.522	0.516	0.510	0.504	0.498
80	0.493	0.487	0.481	0.476	0.470	0.465	0.460	0.454	0.449	0.444
90	0.439	0.434	0.429	0.424	0.419	0.414	0.410	0.405	0.401	0.397
100	0.394	0.390	0.387	0.383	0.380	0.376	0.373	0.370	0.366	0.363
110	0.359	0.356	0.353	0.350	0.346	0.343	0.340	0.337	0.334	0.331
120	0.328	0.325	0.322	0.319	0.316	0.313	0.310	0.307	0.304	0.301
130	0.299	0.296	0.293	0.290	0.288	0.285	0.282	0.280	0.277	0.275
140	0.272	0.270	0.267	0.265	0.262	0.260	0.258	0.255	0.253	0.251
150	0.248	0.246	0.244	0.242	0.240	0.237	0.235	0.233	0.231	0.229
160	0.227	0.225	0.223	0.221	0.219	0.217	0.215	0.213	0.212	0.210
170	0.208	0.206	0.204	0.203	0.201	0.199	0.197	0.196	0.194	0.192
180	0.191	0.189	0.188	0.186	0.184	0.183	0.181	0.180	0.178	0.177
190	0.176	0.174	0.173	0.171	0.170	0.168	0.167	0.166	0.164	0.163
200	0.162	—	—	—	—	—	—	—	—	—

表 5　Q235A 级钢管轴心受压构件的稳定系数

λ	0	1	2	3	4	5	6	7	8	9
0	1.000	0.997	0.995	0.992	0.989	0.987	0.984	0.981	0.979	0.976
10	0.974	0.971	0.968	966	0.963	0.960	0.958	0.955	0.952	0.949
20	0.947	0.944	0.941	0.938	0.936	0.933	0.930	0.927	0.924	0.921
30	0.918	0.915	0.912	0.909	0.906	0.903	899	0.896	0.8931	0.889
40	0.886	0.882	0.879	0.875	0.872	0.868	0.864	0.861	0.858	0.855
50	0.852	0.849	0.846	0.843	0.839	0.836	0.832	0.829	0.825	0.822
60	0.818	0.814	0.810	0.806	0.802	0.797	0.793	0.789	0.784	0.779
70	0.775	0.770	0.765	0.760	0.755	0.750	0.744	0.739	0.733	0.728
80	0.722	0.716	0.710	0.704	0.698	0.692	0.686	0.680	0.673	0.667
90	0.661	0.654	0.648	0.641	0.634	0.626	0.618	0.611	0.603	0.595
100	0.588	0.580	0.573	0.566	0.558	0.551	0.544	0.537	0.530	0.523
110	0.516	0.509	0.502	0.496	0.489	0.483	0.476	0.470	0.464	0.458
120	0.452	0.446	0.440	0.434	0.428	0.123	0.417	0.412	0.406	0.401
130	0.396	0.391	0.386	0.381	0.376	0.371	0.367	0.362	0.357	0.353
140	0.349	0.344	0.340	0.336	0.332	0.328	0.324	0.320	0.316	0.312
150	0.308	0.305	0.301	0.298	0.294	0.291	0.287	0.284	0.281	0.277
160	0.274	0.271	0.268	0.265	0.262	0.259	0.256	0.253	0.251	0.248
170	0.245	0.243	0.240	0.237	0.235	0.232	0.230	0.227	0.225	0.223
180	0.220	0.218	0.216	0.214	0.211	0.209	0.207	0.205	0.203	0.201
190	0.199	0.197	0.195	0.193	0.191	0.189	0.188	0.186	0.184	0.182
200	0.180	0.179	0.177	0.175	0.174	0.172	0.171	0.169	0.167	0.166
210	0.164	0.163	0.161	0.160	0.159	0.157	0.156	0.154	0.153	0.152
220	0.150	0.149	0.148	0.146	0.145	0.144	0.143	0.141	0.140	0.139
230	0.138	0.137	0.136	0.135	0.133	0.132	0.131	0.130	0.129	0.128
240	0.127	0.126	0.125	0.124	0.123	0.122	0.121	0.120	0.119	0.118
250	0.117	—	—	—	—	—	—	—	—	—

表 6　"六四式铁路军用梁标准套"及"加强型六四铁路军用梁标准套"构件

名称	标准三角
代号	①
材质	16 Mnq
每件重量	455 kg
用途	六四式铁路军用梁单层、双层均使用

名称	端构架
代号	②
材质	16 Mnq
每件重量	412 kg
用途	六四式铁路军用梁或加强型六四式铁路军用梁单层、双层均使用。主要拼成铁路标准跨度。

续上表

名称	标准弦杆	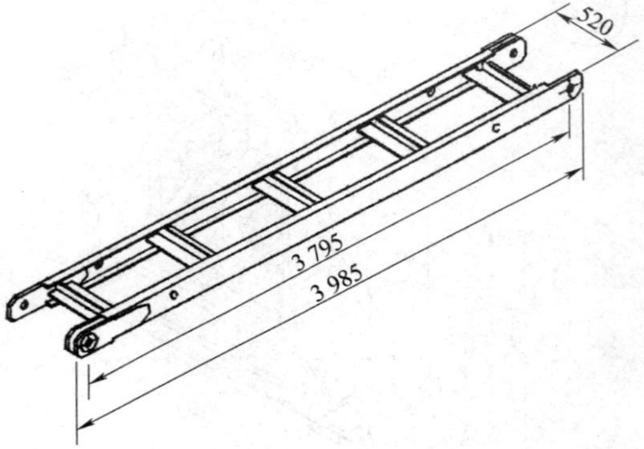 ③
代号	③	
材质	16 Mnq	
每件重量	231 kg	
用途	六四式铁路军用梁单层用。	
名称	端弦杆	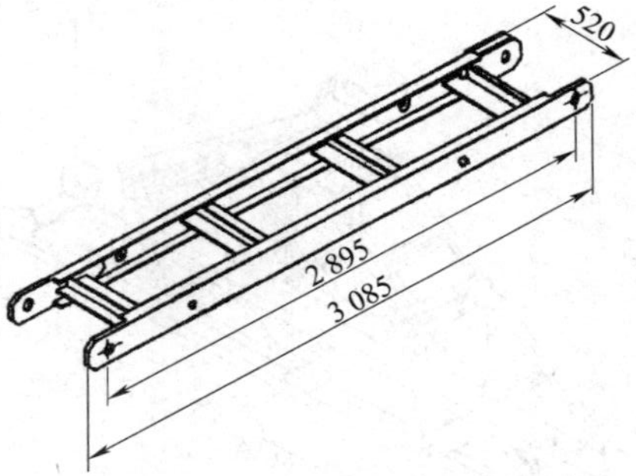 ④
代号	④	
材质	16 Mnq	
每件重量	177 kg	
用途	六四式铁路军用梁或加强型六四式铁路军用梁单层、使用。	

续上表

名称	斜弦杆
代号	⑤
材质	16 Mnq
每件重量	139 kg
用途	六四式铁路军用梁或梁加强型六四式铁路军用梁双层均使用。

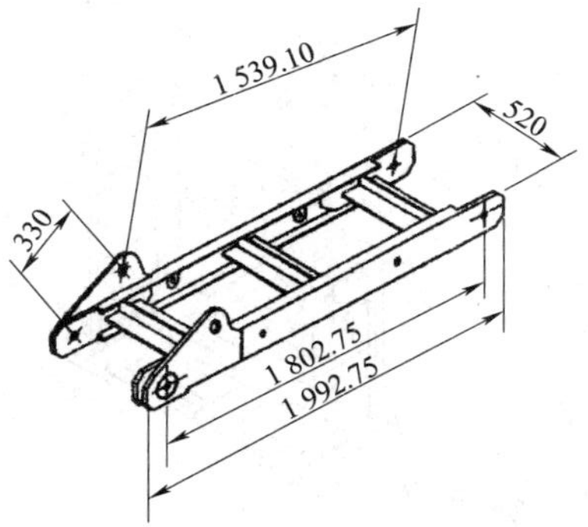

⑤

名称	撑杆
代号	⑥
材质	16 Mnq
每件重量	137 kg
用途	六四式铁路军用梁或梁加强型六四式铁路军用梁双层均使用。

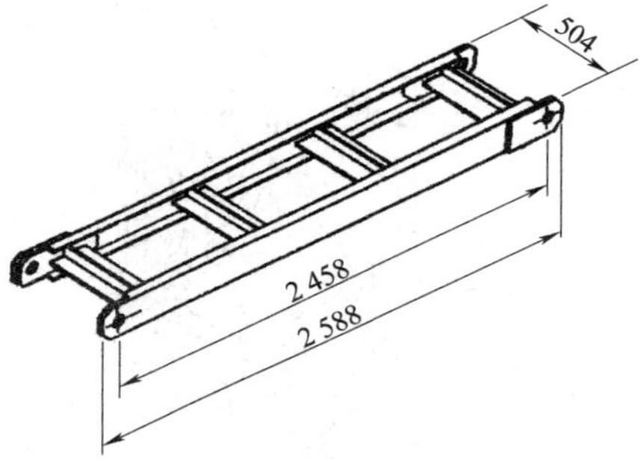

⑥

续上表

名称	1.5 m 辅助端构架
代号	⑦
材质	16 Mnq
每件重量	345 kg
用途	六四式铁路军用梁或加强型六四式铁路军用梁单层、双层均使用。代替桥跨或配合②调整桥跨长度。

名称	2.5 m 辅助端构架
代号	⑧
材质	16 Mnq
每件重量	495 kg
用途	六四式铁路军用梁或加强型六四式铁路军用梁单层、双层均使用。代替桥跨或配合②调整桥跨长度。

续上表

名称	3.0 m 辅助端构架
代号	⑨
材质	16 Mnq
每件重量	562 kg
用途	六四式铁路军用梁或加强型六四式铁路军用梁单层、双层均使用。代替或配合②调整跨长度。

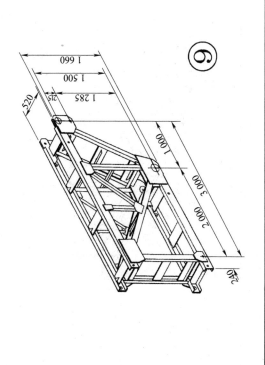

⑨

名称	2 m 低支点端构架
代号	⑩
材质	16 Mnq
每件重量	367 kg
用途	六四式铁路军用梁或加强型六四式铁路军用梁单层、双层均使用。代替②用于铁路标准跨度低支点桥跨。

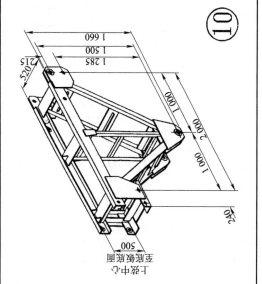

⑩

续上表

名称	3 m 低支点端构架 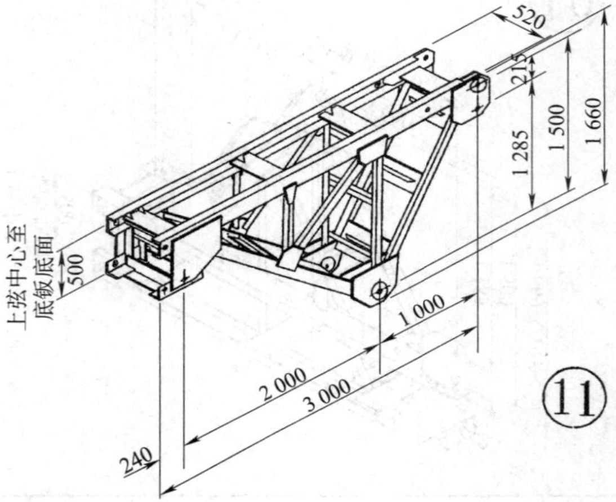
代号	⑪
材质	16 Mnq
每件重量	469 kg
用途	六四式铁路军用梁用梁或加强型六四式铁路军用梁单层,双层均使用。代替或配合低支点端构架⑩调整桥跨长度。

⑪

名称	加强三角 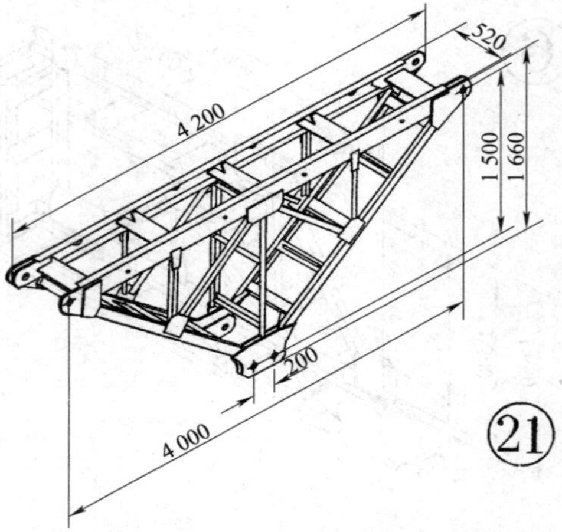
代号	⑫
材质	15 MnVN 和 Mnq
每件重量	482 kg
用途	六四式铁路军用梁单层、双层均使用

⑫

续上表

名称	加强弦杆	
代号	㉓	
材质	15 MnVN 和 Mnq	
每件重量	240 kg	
用途	六四式铁路军用梁单层用。	

表 7　等跨连续梁的内力和挠度系数

a. 两等跨连续梁的内力和挠度系数

序号	荷载图	跨内最大弯矩		支座弯矩	剪力				跨度中点挠度	
		M_1	M_2	M_B	Q_A	$Q_{B左}$ / $Q_{B右}$		Q_C	f_1	f_2
1		0.070	0.070	−0.125	−0.375	−0.625	0.625	−0.375	0.521	0.521
2		0.156	0.156	−0.188	0.312	−0.688	0.688	−0.312	0.911	0.911
3		0.222	0.222	−0.333	0.667	−1.333	1.333	−0.667	1.466	1.466

说明

1. 在均布荷载作用下：$M=$ 表中系数 $\times ql^2$；$Q=$ 表中系数 $\times ql$；$f=$ 表中系数 $\times \dfrac{ql^4}{100EI}$；

2. 在集中荷载作用下：$M=$ 表中系数 $\times pl$；$Q=$ 表中系数 $\times p$；$f=$ 表中系数 $\times \dfrac{pl^3}{100EI}$。

b. 三等跨连续梁的内力和挠度系数

序号	荷载图	跨内最大弯矩		支座弯矩		剪力				跨度中点挠度		
		M_1	M_2	M_B	M_C	Q_A	$Q_{B左}$ / $Q_{B右}$	$Q_{C左}$ / $Q_{C右}$	Q_D	f_1	f_2	f_2
1		0.080	0.025	−0.100	−0.100	0.400	−0.600 / 0.500	−0.500 / 0.600	−0.400	0.677	0.052	0.677
2		0.175	0.100	−0.150	−0.150	0.350	−0.650 / 0.506	−0.506 / 0.650	−0.350	1.146	0.208	1.146
3		0.244	0.067	−0.267	−0.267	0.733	−1.267 / 1.000	−1.000 / 1.267	−0.733	1.883	0.216	1.883
说明	1. 在均布荷载作用下：M＝表中系数$\times ql^2$；Q＝表中系数$\times ql$；f＝表中系数$\times \dfrac{ql^4}{100EI}$； 2. 在集中荷载作用下：$M$＝表中系数$\times pl$；$Q$＝表中系数$\times p$；$f$＝表中系数$\times \dfrac{pl^3}{100EI}$。											

c. 四等跨连续梁的内力和挠度系数

序号	荷载图	弯矩				剪力			跨度中点挠度	
		$M_{1中}$	$M_{2中}$	$M_{B支}$	$M_{C支}$	Q_A	$Q_{B左}$ / $Q_{B右}$	$Q_{C左}$ / $Q_{C右}$	f_1	f_2
1		0.077	0.036	−0.107	−0.071	0.393	−0.607 / 0.536	−0.464 / 0.464	0.632	0.186
2		0.169	0.116	−0.161	−0.107	0.339	−0.661 / 0.554	−0.446 / 0.446	1.079	0.409
3		0.238	0.111	−0.286	−0.191	0.714	−1.286 / 1.095	−0.905 / 0.905	1.764	0.573

说明

1. 在均布荷载作用下：$M=$表中系数$\times ql^2$；$Q=$表中系数$\times ql$；$f=$表中系数$\times \dfrac{ql^4}{100EI}$；

2. 在集中荷载作用下：$M=$表中系数$\times pl$；$Q=$表中系数$\times p$；$f=$表中系数$\times \dfrac{pl^3}{100EI}$。

参考文献

[1] 中华人民共和国铁道部．铁路混凝土工程施工技术指南[S]．北京：中国铁道出版社，2011．

[2] 中华人民共和国铁道部．高速铁路桥涵工程施工技术指南[S]．北京：中国铁道出版社，2011．

[3] 铁道部经济规划研究院．铁路预应力混凝土连续梁(刚构)悬臂浇筑施工技术指南[S]．北京：中国铁道出版社，2010．

[4] 中华人民共和国铁道部．铁路桥涵地基和基础设计规范[S]．北京：中国铁道出版社，2005．

[5] 中华人民共和国铁道部．铁路桥涵钢筋混凝土和预应力混凝土结构设计规范[S]．北京：中国铁道出版社，2005．

[6] 中华人民共和国住房和城乡建设部．混凝土结构设计规范[S]．北京：中国建筑工业出版社，2010．

[7] 中华人民共和国住房和城乡建设部．建筑施工扣件式钢管脚手架安全技术规范[S]．北京：中国建筑工业出版社，2011．

[8] 中华人民共和国住房和城乡建设部．建筑施工碗扣式钢管脚手架安全技术规范[S]．北京：中国建筑工业出版社，2008．

[9] 中华人民共和国住房和城乡建设部．建筑施工模板安全技术规范[S]．北京：中国建筑工业出版社，2008．

[10] 中华人民共和国建设部．组合钢模板技术规范[S]．北京：中国建筑工业出版社，2001．

[11] 周水兴，何兆益，邹毅松，等．路桥施工计算手册[M]．北京：人民交通出版社，2001．

[12] 余流．施工临时结构设计与应用[M]．北京：中国建筑工业出版社，2010．

[13] 马瑞强．建筑工程施工临时结构设计指南[M]．北京：人民交通出版社，2008．

[14] 交通部交通战备办公室．装配式公路钢桥使用手册[M]．北京：人民交通出版社，1998．

[15] 杨文渊．桥梁施工工程师手册[M]．2版．北京：人民交通出版社，2006．